圖解

五南圖書出版公司 印行

遺傳學

閱讀文字

理解內容

觀看圖表

圖解讓
遺傳學
更簡單

序

序

　　遺傳學為研究生物遺傳變異現象及其規律的科學，它是現代生物學的重要學科，也是現代農業科學中，種植資源保育與開發利用、篩選育種與優質培養的重要理論基礎。

　　全書採用圖解方式，深入淺出、循序漸進的方式與通俗易懂的文字，整體性而系統地介紹了遺傳學的基本理論、方法與技術且凸顯重點，將理論與實務有效整合，內容精簡扼要適合做為生命科學之通識課程教材。

　　本書巧妙地將每一個單元分為兩頁，一頁文一頁圖，左頁為文，右頁為圖。左頁的文字內容部分整理成圖表呈現在右頁，右頁的圖表部分除了畫龍點睛地解釋左頁文字的論述之外，還增添相關的知識，以補充左頁文字內容的不足。左右兩頁互為參照化、互補化與系統化，將文字、圖表等生動活潑的視覺元素加以有效整合。

　　本書的編寫，因時間匆促，疏漏與不完備之處在所難免，尚望海內外先進不吝斧正。最後非常感謝林則武先生不厭其煩，針對從頭到尾的全文，皆做了精密細緻的修改工作，林則武先生也對全文做了改稿與潤稿的工作，儘量使本書的錯誤降到最低的程度，洪源煌先生為本書自行製作了精美的圖片，本書中一部分精美之插圖版權為授權自加拿大之Can Stock Photo公司，若沒有他們的積極參與、堅持不懈、持續改善、逐步求菁的精神，本書將不可能如期完成。

黃介辰　馮兆康　張一岑

2011/11　謹識於台中與高雄

序

第1章 遺傳的細胞學基礎

第2章 分子遺傳與變異

第3章　現代新生物技術

第4章　倫理與社會問題

第7章 21世紀的遺傳學

第8章　表觀遺傳學淺介

第1章
細胞：生命的基本單位

　　細胞是包含了全部的生命資訊和呈現生命所有基本特色的獨立生命單位。各種細胞雖然具有極其複雜又不斷地變化的化學架構，但不同細胞的基本化學成分是相類似的。地球上的生物具有多樣性，各式各樣的生物都具有一個共同點，即所有的生物都是由細胞（cell）所組成的。

1-1　微觀世界的利器：觀察與描述

1-2　生命形態結構的單位：細胞

1-3　細胞的類型

1-4　細胞是生命的基礎

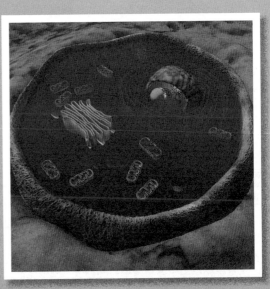

互相密接的細胞。（授權自 CAN STOCK PHOTO）

1-1 微觀世界的利器：觀察與描述

　　觀察與描述是研究生命現象的最基本方法。觀察可以是針對大尺度的生態行為來進行，也可以是對生命的細小部分，藉助於儀器（例如顯微鏡）來完成，可以對生命的活體過程加以觀察（例如：胚胎發育的過程），也可以將生命殺死，並運用特定的方法（例如染色、同位素標記）來顯示生命的瞬間結構和物理狀態，此種觀察的結果，往往要經過資料的分析或者再處理，才能得到對生命真實過程的了解，例如對生態取樣記錄的統計學處理，或是對形態觀察的 3D 立體建構和時間連續分布等。人們對生命現象的認識大部分來自於觀察，例如物種的生態分布和地域、季節的遷移、胚胎的發育過程、細胞分裂時的染色體行為變化、細胞的超微結構等等。

　　細胞通常很小，用顯微鏡才能觀察到。例如，人的一滴血中有五百萬個紅血球，一隻眼睛的瞳孔中有 1.25 億個感光細胞。細胞靠表面接受外界資訊，和外界進行物質交換。細胞的體積相當小，則單位體積的表面積相對較大，有利於細胞的生命活動。不同種類的細胞之間大小差異懸殊。現在已知最小的細胞為支原體，直徑僅約 0.1 微米，要用電子顯微鏡才能看到。最大的細胞，例如駝鳥的蛋黃，細胞直徑可達 70 毫米，長頸鹿的神經細胞可長達三公尺以上。

　　隨著生物學與物理學等學科的發展，顯微鏡的性能不斷地改進，提升了顯微鏡的放大倍數與解析度。隨著顯微鏡性能的提升，細胞核、細胞膜及各種胞器的內部結構不斷地被發現。

　　同時，相關研究還證實這些細胞結構的特徵與其功能相容的一致性。

小博士解說

細胞的大小

　　細胞通常很小，用顯微鏡才能觀察到。現在已知最小的細胞為支原體，直徑僅約 0.1 微米，要用電子顯微鏡才能看到。最大的細胞，例如駝鳥的蛋黃，細胞直徑可達 70 毫米，長頸鹿的神經細胞可長達三公尺以上。

　　隨著生物學與物理學等學科的發展，顯微鏡的性能不斷地改進，提升了顯微鏡的放大倍數與解析度。隨著顯微鏡性能的提升，細胞核、細胞膜及各種胞器的內部結構不斷地被發現。

　　同時，相關研究還證實這些細胞結構的特徵與其功能相容的一致性。

研究生命現象的基本方法 → 觀察

研究生命現象的基本方法 → 描述

觀察
- 針對大尺度的生態行為來進行。
- 是對生命的細小部分，藉助於儀器（如顯微鏡）來完成。
- 對生命的活體過程加以觀察（例如：胚胎發育的過程）。
- 將生命殺死，並運用特定的方法（例如染色、同位素標記）顯示生命的瞬間結構和物理狀態。

觀察結果 → 經過資料的分析或者再處理，才能得到對生命真實過程的了解。

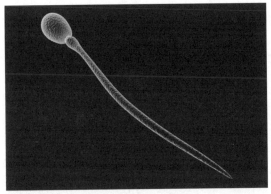

運用顯微鏡所看到的人類精子細胞。（授權自 CAN STOCK PHOTO）

＋ 知識補充站

一些能夠延伸人類視野之儀器發明，往往能夠帶動科學的進步。在十七世紀，由於光學顯微鏡的發明與不斷地改良，使得人類發現了細胞。至今為止，各種更為先進的電子顯微鏡（例如穿透式電子顯微鏡與掃瞄式電子顯微鏡）仍是研究細胞不可或缺的利器。

1-2 **生命形態結構的單位：細胞**

細胞（cell）為包含了全部的生命資訊和呈現生命所有基本特色的獨立生命單位。其主要包括下列的功能：

(1) 遺傳資訊的複製、維持和表現系統。其功能是將已有的結構和進行的特徵加以維持，並依照這些資訊來進行複製，以獲得更多相同的結構。這個資訊不僅包括遺傳物質 DNA 的複製、轉錄、表現與修復，同時也包含了細胞膜及一些蛋白質，將已有的結構資訊來裝配新的物質。

(2) 新陳代謝系統。其包含了所有的物質、能量與資訊的吸收、轉換等一切新陳代謝的行為，其主要的功能多為利用物質代謝與資訊代謝來維持生命高度有秩序的結構。

(3) 除了上述兩種系統之外，它們構成維持生命結構的有秩序性系統，例如細胞骨架系統等。

細胞可分為原核細胞和真核細胞兩大類，它們內部的差異十分懸殊，並缺少中間的過渡類型。原核細胞在 35 億年前就出現了，而真核細胞則是 17 億年前或者更早出現的。傳統的看法認為真核細胞是由原核細胞進化而來的。

它們又是如何進化的呢？現在有兩種觀點：漸進式進化和內共生假說。內共生假說認為真核細胞是一種複合體，它是若干原核細胞與真核細胞祖先的胞質共生結果。此種觀點至少得到一些分子生物學研究結果的支持，發現真核細胞中胞器 DNA 與原核細胞 DNA 序列相類似，漸進式進化則主張原核細胞到真核細胞是一種漸進直接進化過程，然而根據分子分類的研究結果，卻認為真核細胞、原核細胞與古細菌細胞同屬於由共同祖先平行進化而來的種類。孰是孰非，現在尚無定論。

真核細胞除了細胞膜之外，還存在著特有的分隔內膜系統，它包含了核膜、內質網膜、高爾基體膜、以及粒線體、葉綠體、微體和溶酶體膜等。這些內膜表面所含的成分及其專一性均有別於細胞膜。雖然由於細胞膜的分隔，造成了各個內膜結構都執行著各自的特殊功能，但是它們在細胞內卻是以連續、統一的整體，共同維持著生命的運轉。也就是內膜系統的出現，使得生命系統重現了分隔化、組織化、有序化與個性化。

內共生假說較能理想地解釋葉綠體（可能來源於藍綠藻）和粒線體（可能來源於紫細菌）的起源，但是它卻難以解釋細胞核與其他胞器的起源，而膜漸近式演化理論：膜的分化、分隔導致代謝分隔，卻能較好地加以解釋。一般認為內膜系統是細胞膜內陷特化的結果。

然而細胞膜結構又是如何發生的？奧巴林和福克斯學說都認為生命化學分子可以自發地形成團聚體膜或微球體雙層膜。但是現在有人認為細胞膜和某些生命體結構，不可能由純粹的成分，在自然情況下自發地形成。在化學演化的過程中，由於地球上所存在的分子，以有秩序排列的方式形成模板，而大大地減少了由胺基酸合成多肽的隨機性，故十分有利於生命分子的化學演化。因此有人推測，必須有一些預先存在的結構，生命化學分子才可以將此組裝為有秩序的生命架構。

細胞之表面積與體積之比

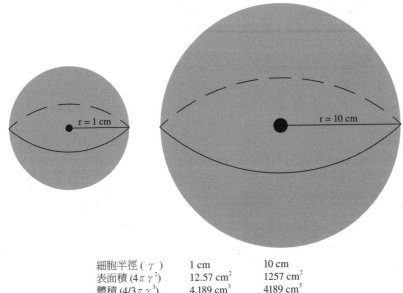

細胞半徑 (γ)	1 cm	10 cm
表面積 ($4\pi\gamma^2$)	12.57 cm^2	1257 cm^2
體積 ($4/3\pi\gamma^3$)	4.189 cm^3	4189 cm^3

細胞主要的功能 → 遺傳資訊的複製、維持和表現系統

→ 新陳代謝系統

→ 構成維持生命的結構有秩序性系統

+ 知識補充站

現代生物學研究還發現某些藍綠藻結構、胞器和生物膜也可以傳遞部分的遺傳資訊。

這些預先存在結構中所包含的資訊,即稱為先存結構訊息(pre-existed structural messages)。人們推測,此種訊息在遺傳訊息總量中,可能只占有很小的比例,而維持生命結構與功能的絕大多數訊息,還是以 DNA 的形式存在。

1-3 **細胞的類型**

原核細胞與真核細胞

原核細胞（prokaryotic cell）和真核細胞（eukaryotic cell）都具有細胞的形態，它們之間根本的區別是在於，是否有真正的細胞核，亦即真核細胞存在著由核膜包裹著的細胞核；而原核細胞並沒有核膜將遺傳物質和細胞質分隔開，只有染色質集中的核區：按照六界分類系統（six kingdom system）的分類法，現在所說的原核細胞是指真細菌成員，它包括細菌、藍綠藻與原綠藻三類。而螺旋體、衣原體和立客次式體都做為特殊的成員歸入古細菌類中。

原核細胞與真核細胞相比，在結構上存在下列三個層面的顯著差異：

(l) 核區（nuclear area）或稱類核體（nucleoid）：原核細胞的細胞質，只有一個沒有核膜所包圍的核區，核區內所含的染色體只是由雙股環狀 DNA 所組成，並不包含組蛋白。染色體外所包裹的少量蛋白質，有的是與 DNA 折疊有關，有的則參與了 DNA 複製、重組與轉錄流程。DNA 在質膜上有附著點，它包含了 3,000 至 4,000 個基因。很多細菌在核區之外，還含有染色體遺傳物質：質粒，它是細胞體外可以自我複製的一種小型環狀 DNA 分子。

(2) 胞器：原核細胞的核糖體為 70S，一部分附在細胞膜上，大部分呈現游離狀。除了細胞質之外，並無內質網、高爾基體、粒線體和葉綠體等膜結構。但是在細胞膜上卻含有呼吸酶系統與具有轉移肽功能的蛋白質，因此其細胞膜具有類似於真核細胞粒線體、內質網與高爾基體的功能。

(3) 細胞壁：原核生物的細胞壁之主要成分含乙醯胞壁酸的肽聚糖，與以纖維素或幾丁質為主要成分（例如粒線體）的植物細胞壁有著根本的區別。

原核細胞最主要的特徵，是沒有膜包圍的細胞核。原核細胞直徑為 1 至 10 微米，由細胞膜、細胞質、核糖體、核區所組成，核區是由一個環狀 DNA 分子來構成無核膜。原核生物並沒有粒線體、質體等胞器，即使是能進行光合作用的藍綠藻，也只有由外膜內摺所形成的光合片層，其上附有光合色素。

小 博 士 解 說

原核細胞與真核細胞的同異之處原核細胞與真核細胞都具有細胞的形態，它們之間根本的區別在於，是否具有真正的細胞核。

原核細胞與真核細胞的主要區別

	原核細胞	真核細胞
細胞大小	較小，1~10μm（微米，1微米＝10⁻⁶公尺）	較大，10~100μm（微米）
細胞核	沒有核膜、核仁	核有雙層膜包圍、有核仁
細胞骨架	無細胞骨架	有細胞骨架
細胞分裂	無絲分裂	以有絲分裂為主
內膜系統	並無獨立的內膜系統	有複雜的內膜系統，分化成胞器
營養方式	光合作用，吸引	光合作用，吸引與內吞

原核細胞在結構上與真核細胞的顯著差異

核區或稱類核體
原核細胞的細胞質，只有一個沒有核膜所包圍的核區，核區內所含的染色體只是由雙股環狀 DNA 所組成，並不包含組蛋白。

胞器
原核細胞的核糖體為 70S，一部分附在細胞膜上，大部分呈現游離狀。除了細胞質之外，並無內質網、高爾基體、粒線體和葉綠體等膜結構。

細胞壁
原核生物的細胞壁之主要成分含有乙醯胞壁酸的肽聚糖，與以纖維素或幾丁質為主要成分（例如粒線體）的植物細胞壁有著根本的區別。

＋ 知識補充站
　　從分子生物學角度而言，原核細胞與真核細胞，在結構組成和對生命活動流程的調控等諸多層面，存在著相當大的差異。例如原核細胞 DNA 結構簡潔有力，其分子絕大部分是用來編碼蛋白質，只有非常小的一部分不轉錄；存在轉錄單元，功能相關的 RNA 和蛋白質的基因，往往是從集中在基因組中一個或幾個特定部位，形成功能單元或者轉錄單元，它們可以一起轉錄出多個 mRNA 分子，稱為多順反子 mRNA；此外，原核生物具有重疊基因等（例如噬菌體）。

1-4 **細胞是生命的基礎**

細胞本身是一個動力學系統，它不僅處在不斷的變動過程之中，而且它本身的結構也是可變的。而生命也正是因為細胞所具有的此種性質，才使得生命獲得了它特有的多重狀態和向高階層級發展的潛能，即生命獲得了演化的依據，經過漫長的歷史，「自發」地造就出了目前多樣化而生動活潑的生物世界。

雖然說細胞為生命的單位，但是細胞並不完全等價於全部生命，僅僅依靠細胞學的研究也不可能完成對整個生命現象的瞭解，這就好像我們不能只對局部磚塊的瞭解，而想要涵蓋整體的建築物一樣。

對生物細胞和次細胞層級的研究證實，由於生物大分子的建構方式、結構組織形式以及生命活動程序的不同，細胞在形態結構、功能性質上出現了明顯的類別。原核細胞與真核細胞分別代表了生物細胞的兩大類別。

人們同時發現真核細胞有極大的「可塑性」，也就是它在結構與功能上，具有變更和多型分化的潛能。

細胞為生命的基礎和單位。而真核細胞在生物演化中，又獲得了在細胞基礎上，由眾多細胞相互連結，形成多重細胞生物個體的能力，並同時分化出了數量龐大的不同細胞類型。多重細胞生物以組織、器官、系統的方式，有秩序地將不同類型的細胞組織在一起，構成了一個有複雜結構和豐富功能的生物個體，即為層級式結構（hierarchical structure）。

多重細胞生物的層級有序性，不僅呈現在細胞之間協調性的存在，還因為細胞的分化，已使得多重細胞生物體內，大量細胞喪失了獨立生存的能力，造成了生物整體的不可分割性。在細胞層級形成多重細胞生物時，強烈地呈現出生命的多樣性。

生命的存在是多層級的，生命從分子層級到細胞構成，再到多細胞生物中眾多細胞的層級結構（組織、器官、系統），以及物種區分、生態系統等多層級結構。

實際上人們對生命現象的認識也是從多層級而展開的，而在此基礎上，不斷地加深對生命本質的瞭解。

小博士解說

多重細胞生物以組織、器官、系統的方式，有秩序地將不同類型的細胞組織在一起，構成了一個有複雜結構和豐富功能的生物個體，即為層級式結構。

生命存在的層級

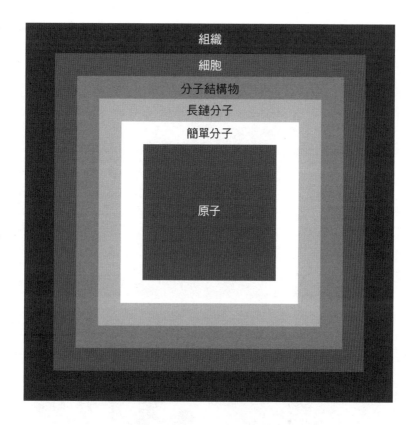

組織
細胞
分子結構物
長鏈分子
簡單分子

原子

✚ 知識補充站

　　生命的存在是多重層級的，生命從分子層級到細胞構成，再到多細胞生物中眾多細胞的層級結構（組織、器官、系統）、以及物種區分、生態系統等多層級結構。實際上人們對生命現象的認識也是從多層級層而展開的，而在此基礎上，不斷地加深對生命本質的瞭解。

人的面貌相當多樣化。（授權自 CAN STOCK PHOTO）

第 2 章
分子遺傳與變異

　　一個活的細胞，是一個會自我組裝的系統，正因為如此，不禁使我們產生一個矛盾的疑問：如果硬體需要仰賴軟體的指示，而軟體又需要依靠硬體的保護，那麼一開始究竟是先有硬體，還是先有軟體呢？舉例來說，一株橡樹苗究竟將建構另一株橡樹所需的訊息儲存在哪裡呢？這些訊息又是如何與該棵樹的「硬體」互動呢？這些都是尚待解決的問題。我們並不確定答案會是什麼？但也許是一些既包含訊息又可以當作機器來使用的分子。

2-1 **生物的遺傳因子：基因**

（一）遺傳是由某種因子所決定的

奧地利神父孟德爾（Gregor Mondel, 1722 ～ 1774）發現豌豆中有某種「因子」可以決定遺傳性狀，而且每一種性狀似乎都受到一對「因子」的控制。此外，每一種性狀都有顯性及隱性之分。例如，當他說一株高莖豌豆與一株低莖豌豆交配，產生的子代大多為高莖豌豆。由此可知高莖是顯性，低莖是隱性。不過，隱性的低莖性狀並沒有從此消失，它仍會在較後來的子代中出現：兩株高莖豌豆雜交之後，也可能會生出低莖豌豆。

（二）生物的遺傳因子：基因

生物的遺傳現象證實親代將某種遺傳物質傳遞給了後代。

此種遺傳物質究竟是什麼呢？當初，孟德爾提出遺傳因子的抽象概念時，並未說明它們是否是某種物質實體。其後，摩根（Morgan）判斷基因很可能是染色體上的某種有機的化學物質實體。染色體主要由蛋白質和核酸所構成，那麼，到底哪種物質是遺傳物質呢？

蛋白質和核酸都是有機大分子。蛋白質由 20 種不同的胺基酸所組成，而 DNA 和 RNA 兩種核酸分別由四種核苷酸所組成。看來，能夠攜帶極其複雜的遺傳資訊的物質應該是蛋白質。但這個似乎合理的推斷，後來都被證明是錯誤的。

現在已經充分證實，DNA 是所有已知生物的遺傳物質。RNA 可能曾經在生命化學演化的早期，作為多分子系統的遺傳物質，現在仍是一些 RNA 病毒的遺傳物質，但病毒並不是完整的獨立生命形態。

1760 年代，孟德爾發現了遺傳的規律，他的發現使得達爾文的演化論陷入了困境，但是同時也提出了新的疑問，推動了演化論向前進一步發展。

小博士解說

遺傳是由某種因子所決定的，每一種性狀都有顯性及隱性之分，而生物的遺傳因子即為基因。DNA 是所有已知生物的遺傳物質，RNA 可能曾經在生命化學演化的早期，作為多分子系統的遺傳物質，現在仍是一些 RNA 病毒的遺傳物質，但是病毒並不是完整的獨立生命形態。

孟德爾（授權自 CAN STOCK PHOTO）

遺傳是由某種因子所決定的

| 高莖 | → | 顯性 | → | 會在較後來的子代中出現 |
| 低莖 | → | 隱性 | → | 會在較後來的子代中出現 |

生物的遺傳因子：基因

| DNA | → | 所有已知生物的遺傳物質 |

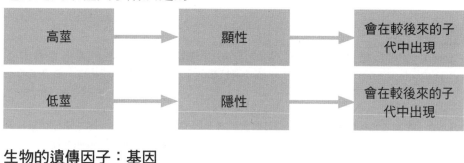

✚ 知識補充站

　RNA 可能曾經在生命化學演化的早期，作為多分子系統的遺傳物質，現在仍是一些 RNA 病毒的遺傳物質，但病毒並不是完整的獨立生命形態。

2-2 **遺傳的分子基礎**

（一）DNA 雙螺旋結構模型

在 1953 年，Watson 與 Crick 提出了 DNA 雙螺旋結構模型。DNA 的化學成分並不複雜。它的單體是核苷酸（nucleotide），由一個磷酸分子，一個去氧核糖分子和第一個鹼基所構成。鹼基有腺嘌呤（adenine, A）、鳥嘌呤（guanine, G）、胞嘧啶（cytosine, C）和胸腺嘧啶（thymine, T）四種。因此共有 4 種核苷酸，簡記為 A、G、C、T。

（二）DNA 的二級結構

DNA 的二級結構是 Watson 與 Crick 在 1953 年提出之著名的雙股螺旋（double helix）模型，其主要特色是：

(1) **兩條聚合核苷酸單鏈反向平行排列**，即一條鏈是 5′→3′，另一條鏈是 3′→5′。

(2) **鹼基平面向內延伸**，兩條鏈的鹼基以 A=T、G≡C 方式互補配對，對應鹼基之間分別形成兩個或三個氫鏈。

(3) **兩條以氫鏈結合的反向平行鏈構成雙股螺旋狀**，每十對鹼基旋轉一周。DNA 獨特的二級結構包含了遺傳物質複製等重要機制的奧祕。

小博士解說

DNA 雙螺旋結構模型：DNA 的化學成分並不複雜。它的單體是核苷酸（nucleotide），由一個磷酸分子，一個去氧核糖分子和第一個鹼基所構成。鹼基有腺嘌呤（adenine, A）、鳥嘌呤（guanine, G）、胞嘧啶（cytosine, C）和胸腺嘧啶（thymine, T）四種套。因此共有 4 種核苷酸，簡稱為 A、G、C、T。

DNA（脫氧核醣核酸）是一種由核苷酸重複排列組成的長鏈聚合物，組成單位稱為核苷酸，而糖類與磷酸藉由酯鍵相連，組成其長鏈骨架。每個糖單位都與四種鹼基裡的其中一種相接，這些鹼基沿著 DNA 長鏈所排列而成的序列，可組成遺傳密碼，是蛋白質胺基酸序列合成的依據。

在細胞內，DNA 能組織成染色體結構，整組染色體則統稱為基因組。

寬度約 22 到 24 埃（2.2 到 2.4 奈米），每一個核苷酸單位則大約長 3.3 埃（0.33 奈米）。在整個 DNA 聚合物中，可能含有數百萬個相連的核苷酸。例如，人類細胞中最大的 1 號染色體中，就有 2 億 2 千萬個鹼基對。

通常在生物體內，DNA 並非單一分子，而是形成兩條互相配對並緊密結合，且如蔓藤般地纏繞成雙螺旋結構的分子。每個核苷酸分子的其中一部分會相互連結，組成長鏈骨架；另一部分稱為鹼基，可使成對的兩條脫氧核醣核酸相互結合。所謂核苷酸，是指一個核苷加上一個或多個磷酸基團，核苷則是指一個鹼基加上一個糖類分子。

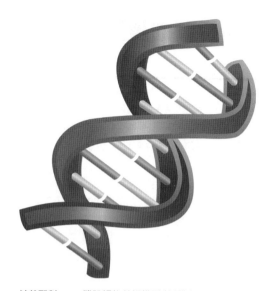

鹼基配對 DNA 雙股螺旋結構模型（授權自 CAN STOCK PHOTO）

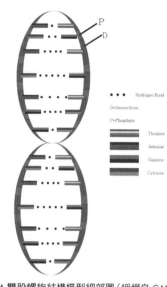

DNA 雙股螺旋結構模型細部圖（授權自 CAN STOCK PHOTO）

G・C

A・T

DNA 二級結構主要特色

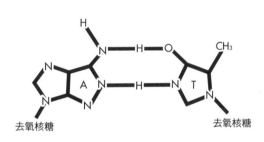

雙股螺旋

(1) 兩條聚合核苷酸單鏈反向平行排列

(2) 鹼基平面向內延伸

(3) 兩條以氫鍵結合的反向平行鏈構成雙股螺旋狀，每十對鹼基旋轉一周。

2-3 **DNA** 的複製：半保留複製的證實

（一）DNA 的複製機制

Watson 和 Crick 兩人於 1953 年建立 DNA 雙股螺旋結構模型的同時，提出了 DNA 的複製機制：DNA 雙鏈解開，以每一條鏈為模板，依據鹼基配對原則，合成一條新鏈，最後形成兩個與原本 DNA 分子相同的新 DNA 雙股螺旋分子。在每一個新 DNA 分子中，一條是從原本 DNA 分子中來的舊鏈，另一條是新合成的新鏈，故稱為半保留複製（semi-conservative replication）。

半保留複製合理地解釋了在細胞分裂之前的期間，細胞內遺傳物質完成加倍（duplication）的過程。也就是 DNA 分子鏈的鹼基鏈互補，就造成了 DNA 一條鏈上的核苷酸排序順序決定了另一條鏈上的核苷酸排列順序，亦即 DNA 分子的每一條鏈都含有合成它互補鏈所需的全部資訊。Watson 和 Crick 推測，DNA 在複製過程中，鹼基之間的重鏈首先斷裂，雙股螺旋解旋分開，每一條鏈分別作模板合成新鏈，每一個子代 DNA 的一條鏈來自親代，另一條則是新合成的，故稱之為半保留複製。

（二）半保留複製的直接證據

1957 年 Meselson 和 Stahl 首先獲得了 DNA 半保留複製的直接證據。他們先將大腸桿菌培養在含有重同位素 15_N 的培養基上，經過多個世代之後，細菌 DNA 的兩條鏈都變成了含 15_N 的重鏈。然後將此種細菌接種到只含輕同位素 14_N 培養基上培養，並逐漸取代萃取細菌的 DNA，作氯化銫（CsCl）梯度離心。接種當代 DNA 的兩條鏈都是重鏈（HH），在離心管中的沉澱帶位置最低；第 1 代的 DNA 兩條鏈一重一輕（L II），沉降帶在中間；第 2 代除了有中間帶之外，在最上面出現一個兩條輕鏈（LL）的輕帶；第 3 代與第 2 代相類似，也有一條中間帶與一條輕帶，但其中輕帶的 DNA 分子之比例明顯增大。實驗的結果與半保留複製的診斷完全一致。

小博士解說

在每個新的 DNA 分子中，一條是從原本 DNA 分子中來的舊鏈，另一條是新合成的新鏈，故稱為半保留複製。半保留複製合理地解釋了在細胞分裂之前的期間，細胞內遺傳物質完成加倍（duplication）的過程。實驗的結果與半保留複製的診斷完全一致。

（一）半保留複製的流程圖

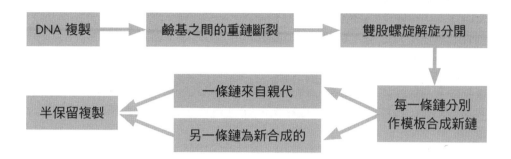

```
DNA 複製 ──→ 鹼基之間的重鏈斷裂 ──→ 雙股螺旋解旋分開
                                              │
                                              ▼
半保留複製 ←── 一條鏈來自親代 ←──      每一條鏈分別
        ←── 另一條鏈為新合成的 ←──    作模板合成新鏈
```

（二）DNA 的半保留複製及其證實

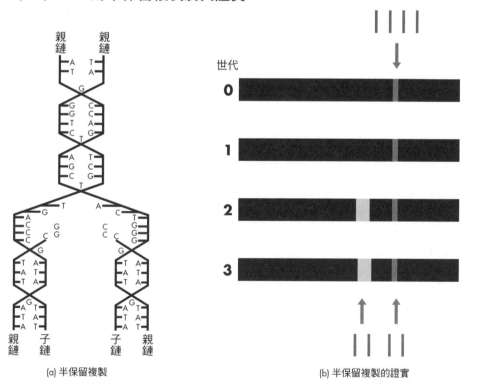

(a) 半保留複製

(b) 半保留複製的證實

✛ 知識補充站

Meselson 和 Stahl 之實驗的結果與半保留複製的診斷完全一致。

24 DNA複製的基本流程

(一) 複製起點與複製子

　　DNA 的複製是從複製起點（origin）開始的。複製起點的 DNA 序列通常 A、T 鹼基對的比例較高，由於 A、T 比 G、C 每鹼基對少一個氫鍵，因此結合力較弱，比較容易將兩條單鏈分開。細菌及病毒的染色體只有一個複製原點，一條染色體就是一個複製子（replicon）。真核生物的染色體較大，每條染色體上有多個複製起點，即包括多重複製子（multiple replicon），例如大腸桿菌只有一個複製子，而哺乳動物的基因組可能包括多達 50,000 至 100,000 個複製子。多重複製子顯然有利於提高真核生物龐大基因組的複製速度。多重複製子 DNA 分子複製時，可同時在各個複製起點形成複製叉（replication fork），然後，每個複製各分別向兩端延伸，最後連通起來，完成複製。

(二) 半連續的複製過程

　　DNA 複製過程是半連續複製（semi-discontinuous replication）。其基本流程為：

　　(1) 解旋酶（helicase）利用水解 ATP 的能量解開複製叉處的 DNA 雙螺旋。

　　(2) 在引物酶（primase）的運作下，合成由幾個核苷酸構成了的一段 RNA 引物，與模板鏈結合。

(三)DNA 聚合酶的運作

　　在 DNA 聚合酶（DNA polymerase）運作下，依鹼基配對原則，在 RNA 引物後沿 5′→ 3′ 方向逐個接上相應的核苷酸。與 3′→ 5′ 模板鏈對應的新鏈合成方向是 5′→ 3′ 可以連續不斷地合成，這條鏈稱為前導鏈（leading strand）。對應於 5′→ 3′ 模板鏈的另一條新鏈合成的大方向是 3′→ 5′，只能斷斷續續地反向合成一些 DNA 片段，這條鏈稱為後隨鏈（lagging strand）。後隨鏈中合成的 DNA 片段稱為岡崎片段（Okazaki fragment），原核生物的岡崎片段長度為 1,000 至 2,000 個核苷酸，而真核生物中的岡崎片段長度為 100 至 200 個核苷酸。

(四) 相同酶的運作

　　在相同酶的運作下，前導鏈與岡崎片段前端的 RNA 引物被降解，其空缺由 DNA 來填補。隨後各個岡崎片段經由連接酶（ligase）的作用，從而形成鏈結。

(五) 上述流程在複製叉中連續依次完成

　　隨著複製叉的前進，原有 DNA 分子的雙鏈不斷被解開，兩條新鏈在複製叉中逐步被合成，隨後分別與各自的模板鏈，形成新的雙螺旋結構，直到完成複製整個流程，形成兩個新的雙股螺旋分子。

　　DNA 的實際流程顯示，DNA 並不能自己完成複製流程，必須依靠各種蛋白質分子組成酶的作用，完成複製任務。在 DNA 複製中解開雙螺旋鏈，保持兩條單鏈在一定區間分開，再分別以每條單鏈為模板，合成新鏈等各項任務，都需要多種蛋白酶的參與。DNA 複製酶系統的效率極高，在原核細胞中，DNA 複製的速度高達每秒鐘 900 個鹼基對（base pairs, bp）。在真核細胞中，由於 DNA 更為複雜的組裝方式，限制了複製叉的移動速度，故複製速度相對較慢，但亦達 50bp/s。真核生物主要利用多重複製子克服了染色體 DNA 分子較大和複製速度相對較慢的問題。

小博士解說

　　華森與克里克模型建議 DNA 能以互補鹼基配對的方式來複製。

DNA 複製的基本流程

複製起點與複製子

複製起點的 DNA 序列通常 A、T 鹼基對的比例較高，由於 A、T 比 G、C 每鹼基對少一個氫鍵，因此結合力較弱，比較容易將兩條單鏈分開。

半連續的複製過程

(1) 解旋酶（helicase）利用水解 ATP 的能量解開複製叉處的 DNA 雙螺旋。

(2) 在引物酶（primase）的運作下，合成由幾個核苷酸構成了的一段 RNA 引物，與模板鏈結合。

DNA 聚合酶的運作

在 DNA 聚合酶（DNA polymerase）運作下，依據鹼基配對原則，在 RNA 引物後沿 $5' \rightarrow 3'$ 方向逐個接上相應的核苷酸。

相同酶的運作

在相同酶的運作下，前導鏈與岡崎片段前端的 RNA 引物被降解，其空缺由 DNA 來填補。隨後各個岡崎片段經由連接酶（ligase）的作用，從而形成鏈結。

上述流程在複製叉中連續依次完成

隨著複製叉的前進，原有 DNA 分子的雙鏈不斷被解開，兩條新鏈在複製叉中逐步被合成，隨後分別與各自的模板鏈，形成新的雙螺旋結構，直到完成複製整個流程，形成兩個新的雙螺旋分子。

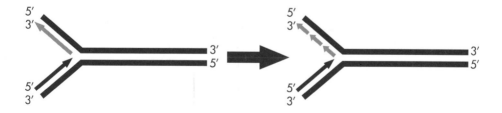

✚ 知識補充站

在複製時，親代的每一條舊股當作子代分子一條新股所形成的模板。模板是最常用來製造一條和它自己互補的形狀。

2-5 轉錄：從DNA到RNA

轉錄的基本流程

轉錄（transcription）是以特定的 DNA 片段（基因）為模板，在 RNA 聚合酶的作用下，依據鹼基配對原則合成相對應序列的 RNA 鏈。RNA 的四種鹼基是 A、U、G、C。與 DNA 相比，沒有胸腺嘧啶（T），而有尿嘧啶（U），在轉錄時，尿嘧啶（U）可與腺嘌呤（A）配對（U, A）。

轉錄的起點是基因的啟動子（promoter），啟動子序列位於基因編碼序列上游，通常含有 A、T 鹼基對，兩條單鏈之間的氫鍵較少，有利於 RNA 聚合酶打開 DNA 的雙鏈，啟動轉錄流程。

RNA 合成是以打開後的 DNA 雙鏈中 3′ → 5′ 的單鏈為模板，依鹼基配對原則沿 5′ → 3′ 方向進行。作為模板的 DNA 鏈稱為模板鏈（template strand），其互補鏈稱為非模板鏈（nontemplate strand）。合成的 RNA 鏈的鹼基序列與非模板 DNA 鏈一致（其中，非模板 DNA 鏈序列上的 T 與合成 RNA 鏈上的 U 相對應），因此，非模板鏈又稱為編碼鏈（coding strand）或有義鏈（sense strand）。

轉錄的基本流程是 RNA 聚合酶向前移動，DNA 雙螺旋鏈逐步打開，模板鏈序列依序顯露出來，核苷酸依鹼基配對原則，依序加到前一個核苷酸的 3′，於是 RNA 鏈不斷地加以延伸。當 RNA 聚合酶移動至 DNA 上的終點訊號序列時，RNA 合成會停止，從而釋放出 RNA 鏈。

轉錄產物的加工步驟

轉錄的 mRNA 產物分為三種：信使 RNA（messenger RNA，mRNA）、核糖體 RNA（ribosome RNA，rRNA）與運輸 RNA（transferRNA，tRNA）。原核生物轉錄的 mRNA 一般並不需要加工，但真核生物剛轉錄出的前體 mRNA 多無活性，需要進一步加工成有活性的成熟 mRNA。大致包括下列三個加工步驟：

(1) **加帽**（capping）：在轉錄流程中，RNA 的在 5′ 端加上一個特殊的核苷酸（7-甲基鳥糞嘌呤核苷酸），「帽子」。

(2) **加尾**（tailing）：在轉錄產物 RNA 的 3′ 末端加上 100 至 200 個腺嘌呤所構成的多聚合腺苷酸（poly A），「尾巴」。

(3) **剪接**（splicing）：先將前體 RNA 中的一些內含子片段切除，再將稱為外顯子的編碼序列連接起來。

在真核生物中，各種前體 RNA 通常在核內加工成為成熟的 mRNA，rRNAtRNA 之後，再送至細胞質參加蛋白質的合成。一般認為，mRNA 的加帽、加尾可能具有保護 mRNA 不被降解的功能，因此真核生物的 mRNA 壽命較長，通常長達幾個小時以上，而原核生物的 mRNA 壽命很短，一般只有幾分鐘左右。而剪接的主要功能是使 mRNA 具備合成一條多肽鏈的連續完整的編碼資訊。

小博士解說

轉錄是基因表現所需要的第一個步驟。基因表現會製造出基因產物，而最常見的基因產物為蛋白質。RNA 分子轉錄自 DNA 模板。mRNA 攜帶一份蛋白質所合成的遺傳訊息。特別是在真核生物中，初級 mRNA 轉錄段在變成成熟的 RNA 之前，先要經過加工。

RNA 轉錄的基本流程

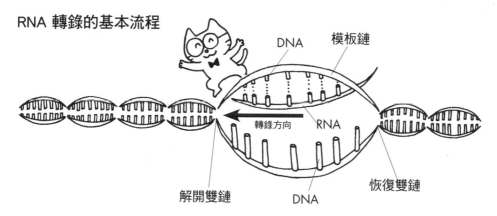

原核生物 mRNA 的加工

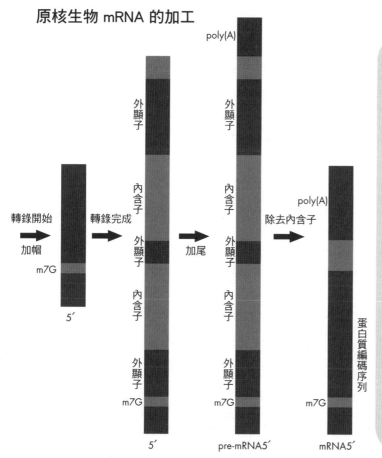

✚ 知識補充站

　轉錄的基本流程是 RNA 聚合酶向前移動，DNA 雙螺旋鏈逐步打開，模板鏈序列依序顯露出來，核苷酸依鹼基配對原則，依序加到前一個核苷酸的 3′，於是 RNA 鏈不斷延伸。當 RNA 聚合酶移動至 DNA 上的終點訊號序列時，RNA 合成會停止，從而釋放出 RNA 鏈。

　轉錄的 mRNA 產物分為三種：信使 RNA（messenger RNA，mRNA）、核糖體 RNA（ribosome RNA，rRNA）與轉移 RNA（transferRNA，tRNA）。

轉錄產物的三大加工步驟

1. 加帽（capping）	2. 加尾（tailing）	3. 剪接（splicing）

2-6 **轉譯**

　　將 mRNA 的鹼基依順序轉譯成特定的肽鏈，此一流程即為轉譯（translation）。蛋白質合成起點物的形成和胺基酸活化 mRNA，從細胞核進入細胞質之後，附在 rRNA 上並開始形成起始物。起始物包括核糖體的大小亞基，起始 tRNA 和幾十個蛋白質合成因子，在 mRNA 編碼區 5′ 端形成核糖體 -mRNA- 起始 tRNA 合成物。原核生物與真核生物的起始物略有不同。

　　原核生物的起點 tRNA 是 fmet-tRNA-fMet（fMet, formy IMethionine），真核生物的起點 tRNA 是 Met-tRNA-fMet。在原核生物中，^{30}S 小亞基首先與 mRNA 模板相結合，再與 fMet- tRNA-fMet 相結合，最後與 ^{50}S 大亞基結合；在真核生物中，^{40}S 小亞基首先與 Met-tRNA-fMet 相互結合，再與模板 mRNA 結合，最後與 ^{60}S 大亞基結合生成 ^{70}S-LmRNAMet-tRNA-fMet 起始合成物。

　　起始物生成除了需要 GTP 提供能量之外，在起始 tRNA 中還需要 Mg^{+2}、NH_4^+ 及三個起始因子（IF1、IF2、IF3），無論是 fMet 還是 Met（甲硫氨酸）均為第一個參與蛋白質合成的胺基酸，它們和所有參與蛋白質合成的胺基酸一樣，首先必須被活化，胺基酸在活化之後，才能形成 AA-tRNA。

小博士解說

　　蛋白質的生物合成又稱為轉譯。它是把 mRNA 所攜帶的遺傳資訊轉化成特定的胺基酸順序的流程。轉譯是細胞中最複雜、最精確的生命活動之一。轉譯在核糖體上進行，其中包括起始、延伸與終止等流程。廣義的轉譯還包括之前的胺基酸活化，在真核生物中還存在著轉譯之後的修飾與加工。

　　轉譯為基因表現的第二個步驟，導致蛋白質的合成。在轉譯時，mRNA 中密碼子序列指示蛋白質的胺基酸序列。

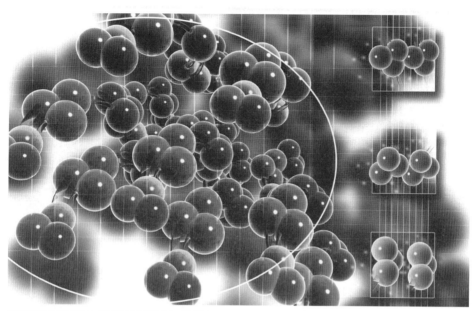

在核糖體上蛋白質合成流程立體架構圖。（授權自 CAN STOCK PHOTO）

轉錄產物的三大加工步驟

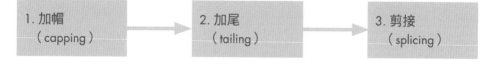

| 1. 加帽
（capping） | → | 2. 加尾
（tailing） | → | 3. 剪接
（splicing） |

✚ 知識補充站

　　在轉譯的過程中，細胞讀取遺傳訊息（genetic message），並據以製造蛋白質。

2-7 生物資訊學的研究現狀與發展趨勢

近年來 GenBank 中的 DNA 鹼基數目呈現指數函數比例的增加，大約每 14 個月增加一倍。到 1999 年 12 月其數目已達 30 億個。

它們來自 47,000 種生物；各種生物的 EST 序列已達 343 萬條，其中人類的表現序列標籤（expressed sequence tag, EST）序列已超過 169 萬條，估計涵蓋人類基因 90% 以上；UniGene 的數目約達 7 萬個。自 1999 年初單核苷酸多態性（single nucleotide polymorphism，SNP）資料庫出現以來，到 1999 年 12 月 21 日，SNP 的總數已達 21,415。

同期，已有 25 個模式生物的完整基因組被定序完成，它們之中有 6 個古細菌、17 個原核真細菌、真核的釀酒酵母和線蟲。還有另外的 70 餘個微生物基因組正在定序當中。果蠅的基因組定序已在 1999 年底完成。

生物資訊學為人類基因組研究的核心工作，包含 3,300 萬鹼基對的人 22 號染色體於 1999 年 11 月完成定序，其結果發表在 1999 年 12 月 2 日英國的 Nature 雜誌上（Dunham et al., 1999）。

從 22 號染色體已鑑定出 679 個基因，其中 55% 的基因是未知的。有 35 種疾病與該染色體突變相關，像是免疫系統疾病、先天性心臟病和精神分裂症等。人體的 21 號染色體的主要定序工作也在 2000 年 2 月完成，其結果發表在 2000 年英國的「自然」（Nature）雜誌上面（Hattori et al., 2000）。

小博士 解說

1. 什麼是生物資訊學：生物資訊學是指利用資訊技術管理和分析生物學數據。就基因組資料分析而言，生物資訊學主要是指核酸和蛋白質序列資料的電腦處理與分析，例如將蛋白質三維結構的處理與分析也屬於生物資訊學的範疇。而資料的產生、搜尋和分析都必須依靠電腦與網路，都必須發展資料庫、演算法與程式。

2. 生物資訊學是一門新興的科際整合學門。其所研究的材料為生物學的資料，而其所採用的方法則是從各種計算技術所衍生出來的。

1999 年底前所完成的完整基因組

物　　　種	基因組 大小/bp	蛋白質 數目
[A] Aeropyrum pernir（敏捷氣熱菌）	1,669,695	2,694
[B] Aquifer aeolicus（產液菌）	1,551,335	1,522
[A] Archaeoglobus fulgidus（閃爍古生球菌）	2,177,400	2,407
[B] Bacillus subtilis（枯草芽孢桿菌）	4,214,714	4,100
[B] Borrelia burgdorferi 布氏疏螺旋體）	910,724	750
[B] Chlamydia pneumoniae（肺炎披衣原體）	1,230,230	1,052
[B] Chlamydia trachomatis（沙眼披衣原體）	1,042,519	794
[B] Deinococcus radiodurans（耐放射異常球菌）	2,647,637	2,570
[B] Escherichia coli（大腸桿菌）	4,639,221	4,279
[B] Haemophilus influenzae（流行性感冒嗜血菌）	1,730,137	1,709
[B] Helicobacter pylori 26695（幽門螺桿菌 26995 菌株）	1,667,767	1,566
[B] Helicobacter pylori J99（幽門螺桿菌 J99 菌株）	1,663,731	1,491
[A] Methanobacterium thermoautotrophicum（熱自養甲烷桿菌）	1,751,377	1,769
[A] Methanococcus jannaschii（詹氏甲烷球菌）	1,664,970	1,715
[B] Mycobacterium tuberculosis（結核分枝桿菌）	4,411,529	3,917
[B] Mycoplasma genitalium（生殖道支原體）	570,073	467
[B] Mycoplasma pneumoniae（肺炎支原體）	716,394	677
[A] Pyrococcus abyssi（海底熱球菌）	1,765,117	1,765
[A] Pyrococcus horikoshii（賀氏熱球菌）	1,737,505	1,979
[B] Rickettsia prowazekii（普氏立克次氏體）	1,111,529	734
[B] Synechocystis PCC6703（藍細菌）	3,573,470	3,169
[B] Thermotoga maritima（海棲熱袍菌）	1,760,725	1,746
[B] Treponema pallidum（梅毒螺旋體）	1,137,011	1,031
[E] Saccharomyces cerevisiae（釀酒酵母）	13,116,717	6,275
[E] Caenorhabditis elegans（小型土壤線蟲）	約 97×10^6	19,099

* [A]：古細菌（archaebacteria）；[B]：細菌（bacteria）；[E]：真核生物（eukaryote）
*資料來自 NCBI

2-8 **人類基因組計劃**

在 1970 年代中期，美國能源部開始啟動一系列研究專案，其主旨在於建構人類基因組詳盡的遺傳圖譜與實體圖譜，測定人類基因組的全部核苷酸序列，並將人類 10 萬個左右的基因定位於染色體。如此大型的研究專案，必須採用新方法分析基因圖譜和 DNA 序列資料，必須用新技術、新儀器檢測和分析 DNA 分子。

為了使研究結果儘快為公眾所使用，計畫還要求利用先進的資訊技術將研究結果，以最快的速度向全世界科學家和醫務人員發布。由這大型研究專案所引發的國際合作，就是眾所周知的人類基因組計畫（Human Genome Project）。

人類基因組計畫已於 2003 年完成。分析在染色體上已定序的複製來測定基因組整體序列的基本流程，通常分兩步：

(1) **第一步**是隨機定序及序列組裝，俗稱為射槍法（shotgun）定序。

(2) **第二步**是透過引物延伸或者交叉聚合酶連鎖反應（PCR）等方法來彌補已測序片段之間的間隔片段。另外，定序品質低的片段需要進行重新測序。

大型定序計畫所得序列的資料，不僅有助於疾病相關基因的發現，而且有助於確定它們的分子特徵。總而言之，不論人類基因組計畫整體序列測定，將在何時、何地、由何人及運用何種方法完成，序列資料的飛速成長是毋庸置疑的。

小博士解說

基因組研究所取得的資料非常多，迫切需要建構各種類型的資料庫來做資訊處理。運用電腦及軟體處理大量的生物學資訊，使生物學與資訊科學密切整合起來。由此衍生出一門新興學科：生物資訊學（bioinformatics）。基因組的研究使得以前不可能完成的事情成為可能。例如：**遺傳病防治**──針對病人基因型的個人化衍生保健與疾病治療以及新藥的開發等。

人類基因組計畫正在繪製控制人類從出生到死亡整體過程的「DNA 聯絡圖」，它將有助於對遺傳疾病的診斷、治療和預防。

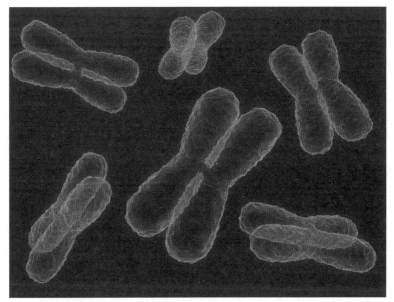

人類 X 染色體基因圖。（授權自 CAN STOCK PHOTO）

分析在染色體上已定序的複製來測定基因組整體序列的基本流程

第一步是隨機定序及序列組裝，俗稱為射槍法（shotgun）定序。

第二步是透過引物延伸或者交叉 PCR 等方法來彌補已定序片段之間的間隔片段。

2-9 **基因的概念及其發展**

在 1909 年丹麥遺傳學家 W.Johansen 將孟德爾的因子改名為基因（gene）。從 1910 年到 1925 年，摩根利用果蠅做研究材料，證實基因是在染色體上呈現直線排列的遺傳單位。在 1941 年 George Beadle 和 Edward Tatum 對粗糙膜孢霉營養缺陷型的研究，他們認為基因決定或編碼一個酶，提出「一個基因一個酶」學說。1957 年 S.Benzer 運用大腸桿菌 T4 噬菌體為材料，在 DNA 分子結構的基礎上，運用互補實驗，分析了基因內部的精密結構，提出了順反子（cistan）的概念，證實基因是 DNA 分子上的一個特定的區股，其功能為獨立的遺傳單位，並提出了一個順反子一條多肽鏈的概念，然後實際情況並不是每條多肽鏈都能在互補實驗中被檢測出來。在一段特定 DNA 片段內，可能有許多突變點，突變之後可以產生出變異的最小單位：突變子（muton）。這些突變位點之間可以發生重組，故一個基因內可能會有多個重組單位，不能重組的最小單位，又稱為重組子（recon）。在理論上而言，基因的內部每一對核苷酸的改變，即可以導致一個突變的發生，每兩個核苷酸之間就可以發生重組，由此可知，一個基因有多少對核苷酸就有多少個突變子與相應數目的重組子，但實際上突變子的數目會小於核苷酸對數，重組子的數目也小於突變子的數目，順反子學說的提出，把基因實際地呈現為 DNA 分子上特定的一段順序，即負責編碼特定的遺傳資訊的功能單位，也就是順反子，其內部包含突變的重建單位。

隨著分子生物學的發展，對基因的認知也越來越深入，基因的種類較多，至少包括：

(1) **結構基因（structural genes）與調節基因（regulatory genes）**：這兩類基因不僅可轉錄成 mRNA，而且可翻譯成多肽鏈。調節基因的功能是調控其他基因的活性，轉錄成的 mRNA 翻譯成阻遏蛋白質或者啟動蛋白質。

(2) **核糖 RNA 基因（ribosomal genes，簡稱為 rRNA 基因）與轉送 RNA 基因（transfer RNA genes，簡稱為 tRNA 基因）**：這類基因只轉錄產生相應的 RNA 而不翻譯成多肽鏈，rDNA 專一性地轉錄 RNA，rRNA 與相應的蛋白質整合形成核糖體，為 mRNA 翻譯成多肽提供場所；tRNA 轉錄為轉送 RNA（tRNA），tRNA 的功能是啟動胺基酸，在合成多肽鏈時，胺基酸先被啟動，然後再轉移到核糖體上，依照 mRNA 所提供的資訊與其他胺基酸連接形成多肽鏈。

(3) **啟動子（promotor）和操縱基因（operator）**：啟動子在轉錄時，RNA 聚合酶與 RNA 整合的部分。操縱基因為調節基因產物（阻遏蛋白質或者啟動蛋白質）與 DNA 結合部位，它們都是不轉錄的 DNA 片段，確切地說不能稱它們為基因。而分子生物學給基因所下的定義是：一個基因是編碼一條多肽鏈或功能 RNA（tRNA、rRNA、snRNA 等）所必須的全部核苷酸序列。根據這個定義，一個基因不僅包含編碼多肽鏈或者 RNA 的核苷酸序列，還包括保證轉錄正常進行所必須的調控序列，及位於編碼區上游（5′端）非編碼序列，內含子（intron）和位於編碼區（3′端）的編碼序列。沒有 5′端不譯區的 mRNA 不能正常翻譯；沒有 3′端不譯區的 mRNA，則可能壽命不會長久。

現代生物科技發展的大事件

1722~1774	孟德爾（Mendel）創立了傳統的遺傳學法則，被譽為傳統遺傳學之父。
1722~1795	巴斯德（Pasteur）創立了微生物學，在微生物發酵研究領域做出了巨大的貢獻。
1929~1943	佛萊明（Alexander Fleming ）發明青黴素，最終導致大規模工業生產青黴素。
1944	Avery 等的肺炎雙球菌實驗，充分證實蛋白質並不是遺傳物質，而 DNA 是遺傳物質。
1953	華森（Watson）、克里克（Crick）首次發現 DNA 雙股螺旋結構。
1960~1970	超速離心、層析技術、電脈衝技術、光譜技術、色譜技術、放射性同位素標記技術等日趨成熟。
1970	核酸限制性內切酶（分子手術刀）和連接酶相繼被發現。
1973	Cohen（美國史丹佛大學教授）和 Boyer（美國加州大學教授）完成了 DNA 體外重組，一舉打開基因工程學大門，他們被譽為重組 DNA 技術之父。
1976	Swanson 與 Cohen 合作，全球第一家生物科技公司：Genetech 公司問世。兩年之後該公司首次運用基因工程技術，在大腸桿菌中表現和生產胰島素。
1971	第一個單複製抗體診斷劑在美國被批准使用。
1977	美國 Kary Mullis 發明 PCR（聚合酶連鎖反應）技術。
1997	英國科學家 Wilmut 等人完成了第一隻哺乳動物：桃莉羊的複製。生物晶片問世。
1999.12	人類基因組計劃獲得重要進展，科學家宣布，人類第 22 號染色體（人類 23 對染色體中最小的染色體）含 3.34 × 107 個鹼基序列的測定已經全部完成，這是人類完成的第一個人類自身染色體的整體序列測定。
2000.6.26	在多方參與和協調下，人類基因組工作架構圖完成，顯示了功能基因組時代的到來。
2001.2	人類基因組架構圖資料報表正式發表，人類 23 對染色體上的基因數目為 3 萬至 3.5 萬個。

基因的種類

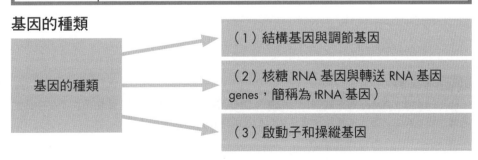

基因的種類

（1）結構基因與調節基因

（2）核糖 RNA 基因與轉送 RNA 基因 genes，簡稱為 tRNA 基因）

（3）啟動子和操縱基因

2-10 著名的肺炎球菌實驗

　　1927 年，英國的細菌學家 Griffith 首次發現了基因是一類特殊生物分子的證據。他當時正進行兩種肺炎球菌的實驗：一種肺炎球菌有莢膜，在培養基本板上形成的菌落表面光滑（smooth），稱為 S 型肺炎球菌。將活的 S 型肺炎球菌注射到小白鼠的體內，很快便導致了小白鼠的死亡。如果透過加熱將 S 型肺炎球菌全部殺死，再注射到小白鼠的體內，小白鼠就不會死亡。另一種肺炎球菌沒有莢膜，在培養基平板上形成的菌面粗糙（rough），稱為 R 型肺炎球菌。將活的 R 型肺炎球菌注射到鼠的體內，小白鼠並不會死亡。這時，Griffith 將加熱殺死的 S 型肺炎球菌與無害的 R 型肺炎球菌混合起來注射到小白鼠的體內，奇蹟發生了，小白鼠雖然已經死亡，但是從死亡的小白鼠體內居然還分離得到了活的 S 型肺炎球菌。此一結果充分證實，加熱殺死的 S 型肺炎球菌中一定有某種特殊的生物分子或遺傳物質，可以使無害的 R 型肺炎球菌轉化為有害的 S 型肺炎球菌。由此推測失活的 S 型肺炎球菌中可能有某種遺傳物質進入了 R 型肺炎球菌之內，使其發生了遺傳轉化而變成了 S 型肺炎球菌。

　　此種生物分子或遺傳物質是什麼呢？在美國紐約洛克菲勒研究所工作的 Avery 立刻敏感地掌握了這一問題，他反覆進行類似 Griffith 的轉化實驗。Avery 從加熱殺死的 S 型肺炎球菌中將各種生物化學成分，例如蛋白質、核酸、多糖、脂類等分離出來，分別加入到無害的 R 型肺炎球菌中，結果發現，唯獨只有核酸可以使無害的 R 型肺炎球菌轉化為 S 型肺炎球菌。對加熱殺死的 S 型肺炎球菌各種生物化學成分的酶解實驗也證明，蛋白質水解與否與轉化無關，但核酸水解與否可以控制轉化的成敗。

　　1944 年 Avery 等人正式得出了結論：DNA 為生命的遺傳物質，但是蛋白質並不是生命的遺傳物質。

小博士解說

　在 1944 年，Avery 等正式得出了結論：DNA 是生命的遺傳物質，蛋白質並不是生命的遺傳物質。Avery 等人的實驗證實了 DNA 是遺傳物質的第一個證據。

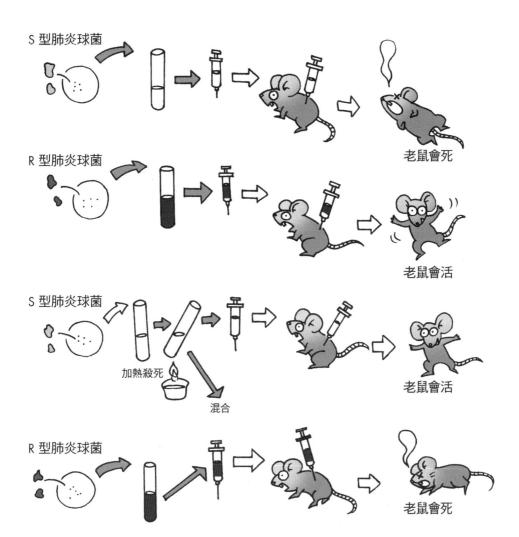

著名的肺炎球菌實驗

S 型肺炎球菌

R 型肺炎球菌

老鼠會死

老鼠會活

S 型肺炎球菌

加熱殺死

混合

老鼠會活

R 型肺炎球菌

老鼠會死

＋ 知識補充站

　　Avery 從加熱殺死的 S 型肺炎球菌中將各種生物化學成分，例如蛋白質、核酸、多醣、脂類等分離出來，分別加入到無害的 R 型肺炎球菌中，結果發現，惟獨只有核酸可以使無害的 R 型肺炎球菌轉化為有 S 型肺炎球菌。對加熱殺死的 S 型肺炎球菌各種生物化學成分的水解實驗也證實，蛋白質水解與否與轉化無關，但核酸水解與否可以控制轉化的成敗。

2-11 更有說服力的噬菌體實驗

　　另一個證明 DNA 是生命遺傳物質的實驗是 1952 年 Hershey 和 Chase 利用病毒為實驗材料完成的。病毒是一種比細菌更加簡單的個體，它僅含有少量簡單的 DNA（或 RNA），被一層蛋白質的外殼所包裹。病毒不能自我完成繁殖過程，它必須透過感染其他細胞才能完成繁殖。專門感染細菌的病毒稱為噬菌體（bacteriophage）。

　　Hershey 和 Chase 將放射性同位素 ^{35}S 加入細菌培養基中進行細菌及噬菌體的培養，由於組成噬菌體外殼的蛋白質一定有含硫的胺基酸（如胱氨酸和半胱氨），因此這一批培養的噬菌體，其蛋白質外殼便被 ^{35}S 標記了，即在噬菌體的蛋白質外殼中可以檢測到放射性同位素。接著他們又同樣以 ^{32}P 標記了噬菌體的 DNA（核酸含有磷酸基團）。

　　然後分別用這些噬菌體去感染細菌。將被感染的細菌通過攪拌破碎器作用，附在細菌細胞壁外的噬菌體與細菌脫離，然後用離心機分離，離心管的上清液含有較輕的噬菌體顆粒，離心管的沉澱中則是被感染過的細菌。Hershey 和 Chase 發現，經 ^{35}S 標記的一組實驗，僅在上清液中檢測到放射性同位素經 ^{32}P 標記的一組實驗，僅在沉澱中檢測到放射性同位素。實驗結果說明，噬菌體感染細菌時，僅是 DNA 進入到細菌的細胞中，而蛋白質外殼沒有進入到細菌的細胞。

　　然後，Hershey 和 Chase 發現，從細菌中釋放出的被新複製的噬菌體經裂解後，在新的病毒中又檢測到了 ^{32}P 標記的 DNA，而沒有檢測到 ^{35}S 標記的蛋白質。Hershey 和 Chase 的實驗又一次證明，在病毒繁殖時，DNA 得到複雜並且控制了新蛋白質外殼的合成。

　　由此，從 1944 到 1952 年用了 7 年的時間，全世界的科學家才一致接受了 Avery 的結論：生命的遺傳物質是 DNA，基因是由 DNA 組成的決定遺傳資訊的結構單位。1953 年 2 月 27 日，Watson 和 Crick 經過多年研究，確立了 DNA 雙股螺旋結構理論，奠定了分子生物學的基礎，啟動了現代遺傳學的開始，宣告生命科學從此進入了認識生命本質的嶄新階段。

小博士解說

　　Hershey 和 Chase 發現，從細菌中釋放出的被新複製的噬菌體經裂解之後，在新的病毒中又檢測到了 ^{32}P 標記的 DNA，而沒有檢測到 ^{35}S 標記的蛋白質。Hershey 和 Chase 的實驗又一次證實，在病毒繁殖時，DNA 得到複雜並且控制了新蛋白質外殼的合成。此證實了噬菌體的遺傳物質為 DNA。

更有說服力的噬菌體實驗

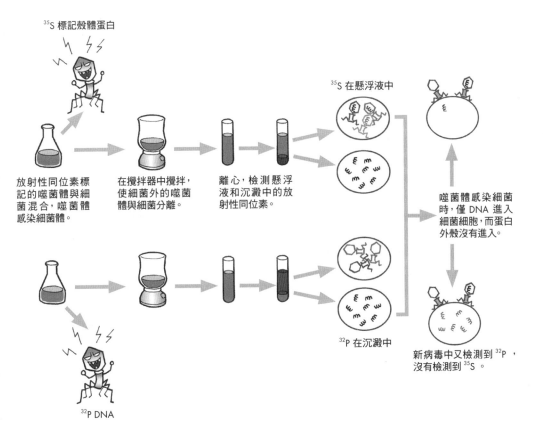

^{35}S 標記殼體蛋白

放射性同位素標記的噬菌體與細菌混合，噬菌體感染細菌體。

在攪拌器中攪拌，使細菌外的噬菌體與細菌分離。

離心，檢測懸浮液和沉澱中的放射性同位素。

^{35}S 在懸浮液中

^{32}P 在沉澱中

^{32}P DNA

噬菌體感染細菌時，僅 DNA 進入細菌細胞，而蛋白外殼沒有進入。

新病毒中又檢測到 ^{32}P，沒有檢測到 ^{35}S。

✚ 知識補充站

另一個證實 DNA 是生命遺傳物質的實驗，是 1952 年由 Hershey 和 Chase 利用病毒為實驗材料完成的。病毒是一種比細菌更加簡單的個體，它僅含有少量簡單的 DNA（或 RNA），被一層蛋白質的外殼所包裹。病毒不能自我完成繁殖過程，它必須透過感染其他細胞才能完成繁殖。專門感染細菌的病毒稱為噬菌體（bacteriophage）。

2-12 基因簡介

　　1953 年，Watson 和 Crick 確立了 DNA 雙股螺旋模型創了生命科學的新紀元。DNA 是自然界最特殊和最精密的分子，DNA 的 4 種核苷酸分子不同的特殊組合或序列構成了成千上萬種基因，這些「化學語言」編碼了不同的遺傳資訊，指揮和控制著生物體的生化、生理和行為等多種性狀的表現和變化。

　　DNA 也是自然界唯一能夠自我複製的分子，正是這種精密準確的自我複製，為生物將其特徵傳遞給後代提供了最基本的分子基礎。

　　基因的分子生物學讓我們認識到生命遺傳的本質，揭開了遺傳學神祕的面紗。

　　現在已經證實，DNA 是所有已知生物的遺傳物質。RNA 可能曾經在生命化學進化的早期作為多分子系統的遺傳物質，現在仍是一些 RNA 病毒的遺傳物質，但病毒並不是完整的獨立生命型態。

　　DNA 的化學結構並不複雜。它的單體是核苷酸，由一個磷酸分子，一個去氧核糖核酸分子和一個鹼基所組成。鹼基有腺嘌呤（A）、鳥嘌呤（G）、胞嘧啶（C）與胸腺嘧啶（T）四種，因此共有四種核苷酸，簡稱為 A、G、C、T。

　　在 DNA 分子的一級結構中，不同的鹼基可以按照不同的次序排列，不同的鹼基序列可用於編碼儲存大量的遺傳資訊。形成生物界千變萬化的各種性狀的遺傳資訊都是以特定的鹼基序列儲存在 DNA 分子中。

　　DNA 分子的二級結構為 Watson 和 Crick 在 1953 年所提出的 A 雙股螺旋模型。DNA 獨特的二級結構包含了遺傳物質複製等重要機制的奧祕。

小博士解說

　　由於性狀的遺傳，即分離與重組行為與染色體行為是平行的，因而認為遺傳物質：基因存在於染色體上。染色體為基因的載體，主要由核酸與蛋白質所組成。在 1944 年，Avery 運用轉化實驗證實了遺傳物質為DNA而不是蛋白質，後來又發現某些病毒並不含 DNA 而含 RNA，證實了 RNA 也是遺傳物質。性狀表現是蛋白質的功能，基因控制性狀實質上即為基因控制蛋白質的生物合成流程。

　　DNA 獨特的二級結構包含了遺傳物質複製等重要機制的奧祕。

（一）遺傳物質

遺傳物質

Avery 用轉化實驗證實了為 DNA

某些病毒不含 DNA 而含 RNA

（二）DNA 雙股螺旋結構模型

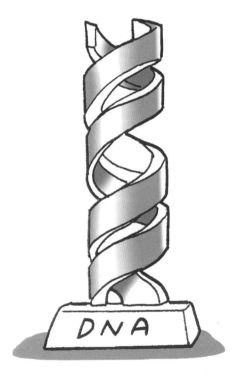

＋ 知識補充站

在細胞核中有一種物質稱為染色體，它主要是由一些叫做去氧核糖核酸（DNA）的物質所組成，遺傳物質的絕大部分儲存在 DNA 分子中，很多化學物質都可以引起 DNA 分子的變異，使 DNA 雙鏈之間的氫鍵斷裂，而解開雙螺旋結構。

在今天，分子生物學家能夠在實驗室中合成或者改變 DNA，並將其導入細胞中去，從而改變或者控制細胞的遺傳特性。

2-13 基因的內容

　　孟德爾（Mendel）透過對豌豆的雜交和遺傳學研究，提出了遺傳因子的分離定律和自由組合定律。摩根（Morgan）進一步將遺傳學與細胞學的研究方法整合起來，以果蠅為對象，研究了染色體上遺傳因子的連鎖、交換和伴性遺傳發展並確立了基因學說。但是，在 20 世紀的前 40 年，困擾科學家的兩個最基本的問題依然沒有解決：

(1) 基因是由什麼物質所組成的？
(2) 基因是如何運作的？

　　今天，分子生物學家能夠在實驗室中合成或者改變 DNA，並將其導入細胞中，從而改變或控制細胞的遺傳特性。但是，在 20 世紀初，沒有人能夠想到 DNA 就是遺傳物質。當時科學家們猜測，生命的遺傳物質應該是蛋白質。因為 20 種胺基酸有多種不同的組合，可以形成許多不同的蛋白質，蛋白質作為酶催化生物代謝反應，由此控制多種遺傳性狀的表現。當時科學家們很難想像，眾多的遺傳性狀可以僅由 4 種核苷酸來表現。

　　在孟德爾（Mendel）和摩根（Morgan）時代，他們使用的實驗材料主要是豌豆和果蠅等，它們都是一些非常複雜的多細胞生物，最初在人們不知道遺傳基因是由什麼物質所組成的時候，不可能從這些複雜的生命形式中獲得線索和證據。後來，在對細菌和病毒這些極其簡單的生命形式的研究中，科學家才發現了遺傳物質的蛛絲馬跡。事實再一次證實，從簡單到複雜是科學的研究方法。

小博士解說

　　二十世紀的生物學研究發現，細胞由細胞膜、細胞質與細胞核等組成。在細胞核中有一種物質稱為染色體，它主要是由一些稱為去氧核糖核酸（DNA）的物質所組成。遺傳資訊的絕大部分儲存在 DNA 之中，很多的化學物質都可以引起 DNA 分子的變化，使得 DNA 雙鍵之間的氫鍵發生斷裂，而解開雙螺旋結構。

豌豆的十七組相對性狀

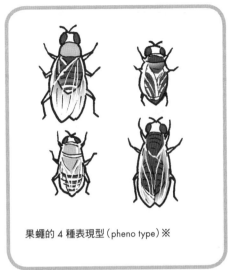

果蠅的 4 種表現型（pheno type）※

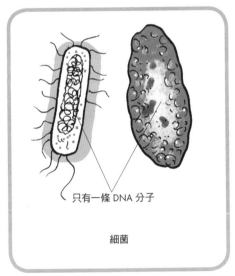

只有一條 DNA 分子

細菌

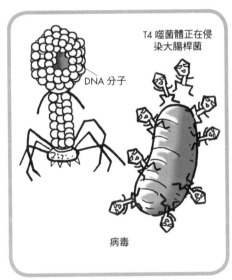

T4 噬菌體正在侵染大腸桿菌

DNA 分子

病毒

※：個體可以觀察到的性狀；來自基因之間及基因與環境之間的互動。

在 20 世紀的前 40 年，困擾科學家的兩個最基本的問題：

困擾科學家的兩個最基本的問題

→（1）基因是由什麼物質所組成的？

→（2）基因是如何運作的？

2-14 基因連鎖圖分析

利用人類家族遺傳史和染色體上基因交換頻率的實驗資料，推斷任何兩個已知性狀的基因之間的距離，根據點測交叉實驗確定各基因的相互位置和排列順序，做出人類染色體上 30,000 多個基因，包括酶切位點和其他標記的連鎖圖。

基因組實驗先將染色體切割成若干個可辨認的限制性酶切片段，找出其上獨特性的序列作為界標，分新各界標間的距離，確定各片段在染色體上的實際排列順序。例如，利用一種「染色體步移」的方法，整合其他分子生物學技術，可以加快完成染色體的基因組實體圖測定。

驗圖測定基因組定序實際分析測定人類 23 對染色體（包括男性和女性）的全部基因組的鹼基序列，這是人類基因組計劃最繁重、耗時最多的工作，是人類基因組計劃的關鍵部分。各國科學家相繼發明了各種提高定序速度和效率、加快工作進度的方法。例如，核苷酸自動定序儀的應用和改進，螢光探計和標記技術替代放射性同位素技術在核苷酸定序中的應用等等。

小博士 解說

DNA 核苷酸定序分析法，是在核酸的酶學與生物化學的基礎上創立並發展出來的一門重要的 DNA 技術。此門技術，對於從分子層級上研究基因的結構與功能的關係，以及複製 DNA 片段的操作方面，都具有廣泛的應用價值。

傳統的兩種 DNA 定序分析法：（1）Sanger 雙去氧鏈終止法；（2）Maxam-Gilbert 化學修飾法。

人類基因組作圖和定序的研究策略

從 DNA 到染色體

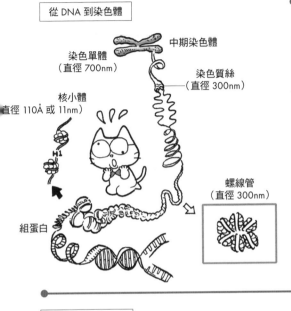

中期染色體

染色單體
（直徑 700nm）

染色質絲
（直徑 300nm）

核小體
（直徑 110Å 或 11nm）

H1

螺線管
（直徑 300nm）

組蛋白

研究策略

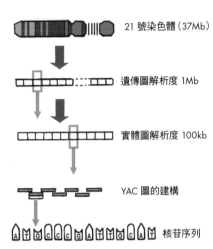

21 號染色體（37Mb）

遺傳圖解析度 1Mb

實體圖解析度 100kb

YAC 圖的建構

核苷序列

1. 用 RFLP 等標記出包含大約 1Mb 的超大片段進行定位作圖。
2. 再用 RFLP 把超大片段分割成 10 多個包含 100 kb 的大片段，做出它們的實體圖。
3. 用酵母人工染色體（YACs）或其他載體建構包含其中小片段的一系列重疊的複製，約 0.5 ～ 1.0Mb。
4. 對小片段逐個加以定序，進而執行對整個染色體的定序和作圖。

「染色體步移」法

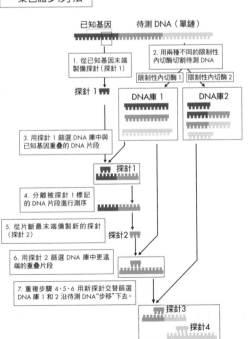

已知基因　　待測 DNA（單鏈）

1. 從已知基因末端製備探針（探針 1）

2. 用兩種不同的限制性內切酶切割待測 DNA

探針 1

限制性內切酶 1　　限制性內切酶 2

DNA 庫 1　　DNA 庫 2

3. 用探針 1 篩選 DNA 庫中與已知基因重疊的 DNA 片段

探針 1

4. 分離被探針 1 標記的 DNA 片段進行測序

5. 從片斷最末端備製新的探針（探針 2）

探針 2

6. 用探針 2 篩選 DNA 庫中更遠端的重疊片段

7. 重複步驟 4、5、6 用新探針交替篩選 DNA 庫 1 和 2 沿待測 DNA "步移" 下去

探針 3

探針 4

核苷酸自動定序儀和定序譜圖

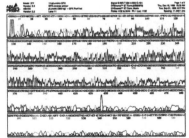

2-15 **DNA複製叉**

　　DNA 的複製發生在細胞周期的 S 期，在解旋酶（helicase）的運作下，首先雙螺旋的 DNA 可以同時在許多 DNA 複製的起始位點局部解螺旋並拆開為兩條單鏈，如此在一條雙鏈上可形成許多「複製泡」，解鏈在叉口處稱為複製叉（replication fork）。

　　每一條 DNA 鏈都有戊糖和磷酸依次相連形成鏈的骨架，在戊糖的 3 位碳原子處總是接著羥基（-OH），在戊糖的 5 位碳原子處總是接著磷酸基團，將每一條 DNA 單鏈帶有 –OH 的一端稱為 3′ 端，帶有磷酸基團的另一端為 5′ 端。

　　在 DNA 複製時，發揮關鍵功能的酶是 DNA 聚合酶（DNA polymerase），該酶使游離的核苷酸準確地與 DNA 上互補的鹼基結合並與早先結合形成的核苷酸新鏈連接，使新鏈延長。

　　由於 DNA 聚合酶只能將游離的核苷酸加到新鏈的 3′ 端（而絕不是 5′ 端），因此DNA 的複製總是由 5′ 向 3′ 方向進行。在親代 DNA 解旋之後的複製叉處，按照由 5′向 3′ 方向複製的原則，一條子鏈可以連向著分叉處進行複製和延伸，而另一條子鏈則不能連續向著分叉處複製和延伸。

　　因此，在 DNA 聚合酶的作用下，隨著複製叉不斷打開，先合成一段新的 RNA 短鏈，稱為引物（primer）。在引物後再仍按 5′ 向 3′ 方向使游離的核苷酸加到新鏈的 3′ 端，這時的 DNA 複製和延伸不是連續的，而是分段進行的，酶合成的一小段片段稱為岡崎片段（Okazaki fragment）。

　　以後岡崎片段前的 RNA 引物被 DNA 短鏈所取代，DNA 連接酶（DNA ligase）又使岡崎片段與新鏈連接起來。

小博士解說

　　華森與克里克模型建議 DNA 能以互補鹼基配對方式來複製。在複製時，親代的每一條舊股當作子代分子一條新股形成的模板。模板是用來製造一個和它自己互補的形狀。複製需要解開、互補鹼基配對與接合三個步驟。

（一）DNA 複製叉

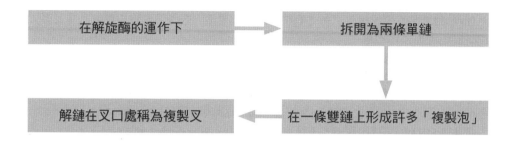

| 在解旋酶的運作下 | → | 拆開為兩條單鏈 |

| 解鏈在叉口處稱為複製叉 | ← | 在一條雙鏈上形成許多「複製泡」 |

（二）DNA 複製叉

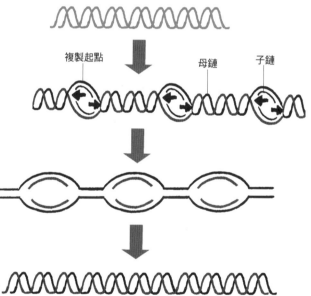

複製起點　母鏈　子鏈

箭頭顯示 DNA 在每一複製泡兩端的複製方向。

＋ 知識補充站

　　DNA 的複製發生在細胞周期的 S 期，在解旋酶（helicase）的運作下，首先，雙螺旋的 DNA 可以同時在許多 DNA 複製的起始位點局部解螺旋並拆開為兩條單鏈，如此在一條雙鏈上可形成許多「複製泡」，解鏈在叉口處稱為複製叉。

2-16 **DNA複製**

　　DNA 的半保留複製保證了所有的體細胞都攜帶相同的遺傳資訊，並可以將遺傳資訊穩定地傳遞給下一代。

　　除了上述的 DNA 複製方式之外，還存在著少數其他複製方式。例如，某種噬菌體的環狀 DNA 只有一條鏈，當它進入宿主之後，在引物酶和 DNA 聚合 III 的運作下，產生一條互補的新鏈，然後以這個雙鏈環狀 DNA 為模板，再形成新的單鏈 DNA 分子。

　　噬菌體 DNA 的這種複製方式被稱為滾環複製（rolling-circle replication）。

　　當一個細胞在分裂成兩個子細胞之前，它的 DNA 必須要先加以複製，以確保每一個子細胞都能獲得相同的 DNA。DNA 的雙股螺旋首先必須分開來，促使新的互補核苷酸沿著分開之後的單股 DNA，而一個個黏合起來，從而形成雙股的 DNA。

　　DNA 複製的步驟：
　　（1）一條雙股的 DNA
　　（2）像拉鍊那樣拉開
　　（3）自由的核苷酸游移過來與互補的核苷酸配對
　　（4）沿著骨幹逐一地黏合起來
　　（5）因此，新的一股 DNA 逐漸成形，最後產生兩條雙股的 DNA

小博士 解說

　　DNA 的兩條去氧核苷酸鏈透過鹼基配對而形成雙鏈分子，稱為互補鏈（Complementary chain）。兩條互補鏈的鹼基之間配對連接的氫鏈其實是弱鏈，由於互補鏈之間有許多的鹼基對，故雙股螺旋結構是穩定的，但可以因變熱或者一些化學物質的作用而被破壞掉。

　　DNA 的半保留複製保證了所有的體細胞都攜帶相同的遺傳資訊，並可以將遺傳資訊穩定地傳遞給下一代。

DNA 複製

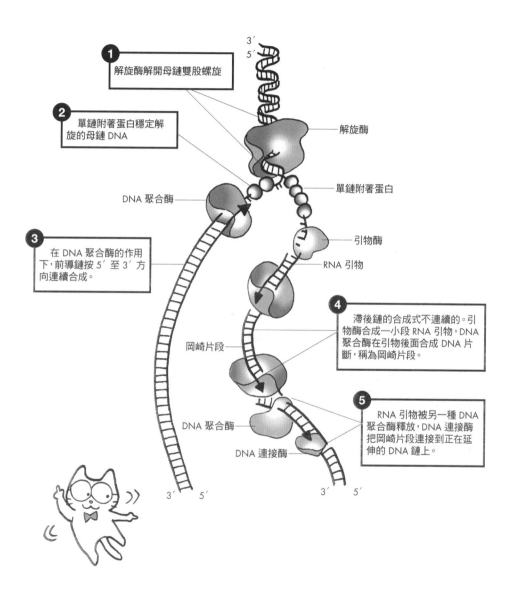

1 解旋酶解開母鏈雙股螺旋

2 單鏈附著蛋白穩定解旋的母鏈 DNA

3 在 DNA 聚合酶的作用下，前導鏈按 5′ 至 3′ 方向連續合成。

4 滯後鏈的合成式不連續的。引物酶合成一小段 RNA 引物，DNA 聚合酶在引物後面合成 DNA 片斷，稱為岡崎片段。

5 RNA 引物被另一種 DNA 聚合酶釋放，DNA 連接酶把岡崎片段連接到正在延伸的 DNA 鏈上。

解旋酶

單鏈附著蛋白

引物酶

RNA 引物

DNA 聚合酶

岡崎片段

DNA 聚合酶

DNA 連接酶

2-17 **RNA 的建構和功能**

RNA 為核糖核酸的縮寫，它與去氧核糖核酸（DNA）的主要差異在於：

(1) RNA 大多是單鏈分子；

(2) 含有核糖而不是去氧核糖；

(3) 4 種核苷酸之中，不含胸腺嘧啶（T），而是由尿嘧啶（U）代替了胸腺嘧啶（T）。

細胞中主要有 3 種 RNA，即信使 RNA（messenger RNA，mRNA），核糖體 RNA（ribosome RNA，rRNA）和轉移 RNA（transfer RNA，tRNA）。

mRNA 是遺傳資訊的攜帶者。它在細胞核中轉錄了 DNA 上的遺傳資訊，再進入細胞質中，作為蛋白質合成的模板。

tRNA 是含有 70 個左右核苷酸的小分子，局部成為雙鏈，在其中 4′、5′ 端的相反一端的環上具有由 3 個核苷酸組成的反密碼子（anticodon）。tRNA 的反密碼子在蛋白質合成時與 mRNA 上互補的密碼子（codon）相結合。tRNA 則發揮了認別密碼子和攜帶相應胺基酸的功能。

轉錄 DNA 通常一次只牽涉到一個或者少數幾個基因，轉錄所產生的「拋棄式」分子正是所謂的 RNA（核糖核酸），它是 DNA 的近親。信使 RNA（mRNA）為一種用完即丟棄的基因替代品，而信使 RNA 被派遣到蛋白質的製造工廠。

製造信使 RNA 的步驟：

（1）首先解開一小段的 DNA。

（2）其中一股 DNA 攜帶著基因的原始資訊，也就是信使 RNA 所要抄錄的原版。

（3）另一股則做為模板，讓信使 RNA 沿著此模板來加以製造。

（4）信使 RNA 也是由核苷酸所做成的，其製程類似於 DNA 的複製。

（5）信使 RNA 一邊合成，已合成好的部分會一邊與 DNA 模板分開。

（6）當將整個基因抄錄完成之後，DNA 會釋放出所完成的信使 RNA，使信使 RNA 前往細胞質的蛋白質的製造工廠。

小博士解說

RNA 是核糖核酸的縮寫。

DNA 複製

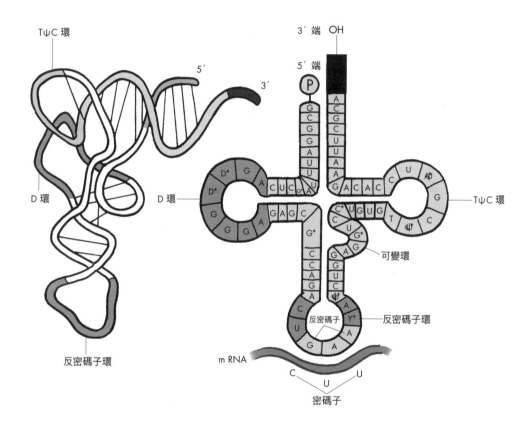

2-18 **核糖體是蛋白質合成的場所**

　　在 2000 年人類對核糖體的 3D 結構取得了突破性的發展，使人們能更加整體性的認識核糖體上蛋白質的合成過程。核糖體為蛋白質的合成機器，它很像一個流動的加工廠，在一些輔助因素的協助下，以極快的速度合成肽鏈。核糖體能夠高效率地合成多肽鏈與其 3D 結構密切相同。

　　rRNA 和蛋白質共同組成的複合體就是核糖體，核糖體是蛋白質合成的場所。核糖體由大小不同兩個亞基所組成，這兩個亞基只有在行使轉譯功能，即酶鏈合成時，才聚合成一個整體，為蛋白質的合成提供場所。

　　在核糖體上具有附著 mRNA 模板鏈的位置，還有兩個 tRNA 附著的位置，分別稱為 A 位和 P 位。A 位攜帶一個新胺基酸的 tRNA 進入並停留，P 位攜帶有待延長之多肽鏈的 tRNA 停留。

小博士解說

　　在細胞中，蛋白質的合成是一個按照 mRNA 上密碼子的資訊來指導胺基酸單體合成為多肽鏈的製程，此一程序稱為 mRNA 的翻譯。mRNA 的翻譯需要有 mRNA、tRNA、核糖體、多種胺基酸與多種酶的共同參與。翻譯程序（即多肽鏈的合成）包括起始、多肽鏈延長與翻譯終止三個步驟。

　　遺傳資訊由 DNA→RNA→蛋白質流動，即 DNA分子也可以轉錄成 mRNA，mRNA 再將遺傳資訊翻譯成蛋白質。在 DNA、RNA 與蛋白質三者之中，DNA 是最為關鍵的物質，DNA 蘊含著生命的奧祕。

核醣體是蛋白質合成的場所

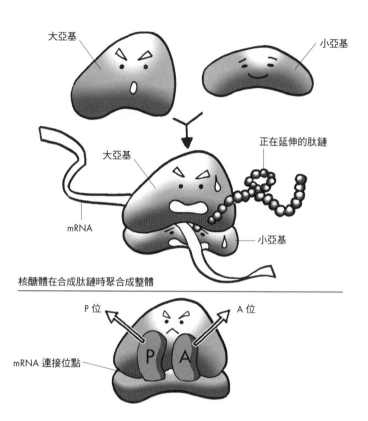

核醣體在合成肽鏈時聚合成整體

核醣體的連接位點

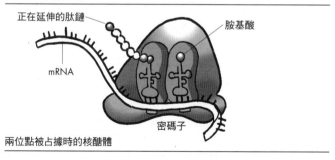

兩位點被占據時的核醣體

2-19 **轉錄和轉譯**

轉錄是指以一條 DNA 單鏈為模板來合成 RNA，同時可將遺傳資訊從 DNA 傳遞到 RNA 的流程。而蛋白質的生物合成又稱為轉譯，它是將 mRNA 所攜帶的遺傳資訊轉化為特定的胺基酸排序的過程。

由 DNA 遺傳資訊控制的蛋白質合成涉及到兩個基本流程：

第一步，DNA 的遺傳資訊轉錄到 mRNA 中，此一流程發生在細胞核中，與 DNA 的複製過程大致相同；

第二步，將 mRNA 的資料轉譯成蛋白質的胺基酸序列，此一流程在細胞質中進行。

在原核生物中，遺傳資訊的轉錄和轉譯則較為簡單一些。

原核生物的蛋白質合成緊隨著 mRNA 的轉錄進行，在電子顯微鏡下可觀察到一端連接著 DNA 分子的尚未轉錄完成之 mRNA 鏈上結合著許多核糖體，從這些串珠狀排列的核糖體上依次合成了長度不等的多肽鏈，此充分證實了原核生物的轉錄與轉譯是同步進行的。

在真核生物中，轉錄產物首先在核內加工成成熟的 mRNA、tRNA、rRNA 與核糖體亞基，再由核膜孔進入細胞質中，而在細胞質中合成蛋白質，因此真核生物的轉錄與轉譯是分別進行的。

小 博 士 解 說

轉錄是以特定的 DNA 片段（基因）為模板。在 RNA 聚合酶的運作下，按照鹼基配對的原則來合成相應序列的 RNA 鏈。RNA 的四種鹼基為 A、U、G、C。與 DNA 相比，RNA 沒有胸腺嘧啶（T）而有尿嘧啶（U），在轉錄時，尿嘧啶（U）可以與腺嘌呤（A）配對（U・A）。

如果將蛋白質比喻為構成細胞這部精密機械的零件，mRNA 即為生產這些零件的藍圖。每一種 mRNA 的鹼基序列攜帶了合成一種特定蛋白質的編碼資訊，從而決定了此種蛋白質多肽鏈序列。mRNA 與基因透過轉譯編碼胺基酸。

轉錄和轉譯

原核生物的轉錄與轉譯是同步進行的,真核生物的轉錄與轉譯是分別進行的。

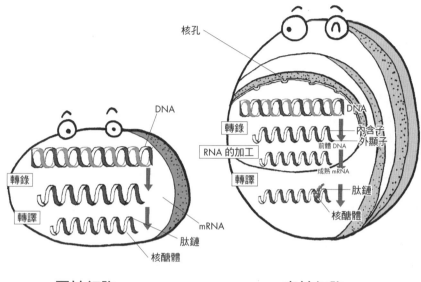

原核細胞　　　　　　　　　　真核細胞

DNA 遺傳資訊控制的蛋白質合成的兩個基本流程

1. DNA 的遺傳資訊轉錄到 mRNA 中,發生於細胞核,而與 DNA 的複製過程大致相同。

2. 將 mRNA 的資料轉譯成蛋白質的胺基酸序列,於細胞質中進行。

✚ 知識補充站

　　轉錄是以特定的 DNA 片段(基因)為模板,在 RNA 聚合酶的作用下,按照鹼基配對原則合成相應序列的 RNA 鏈。mRNA 與基因的鹼基序列透過轉譯而編碼胺基酸。

2-20 **轉錄的基本程序**

轉錄包括起始、延伸與終止三個階段。

以 DNA 分子為模板，按照鹼基互補的原則，合成一條單鏈的 RNA，DNA 分子攜帶的遺傳資訊被轉移到 RNA 分子中，細胞中的此一過程被稱為轉錄（transcription）過程。

轉錄發生在細胞核中，其過程與 DNA 的複製基本相同。轉錄開始時，DNA 分子首先局部解開為兩條單鏈，雙鏈 DNA 中只有其中一條單鏈成為新鏈 RNA 合成的模板。在 RNA 聚合酶（RNA polymerase）的作用下，游離的核苷酸以氫鍵與模板上分離下來。在新 RNA 鏈合成過程中，與 DNA 複製所不同的是，轉錄中尿嘧啶（U）替代胸腺嘧啶（T）並與模板的腺嘌呤（A）相配對。

（一）起始階段：在細胞中，轉錄的開始是由 DNA 鏈上的轉錄起始信號：啟動子（promoter）（一個特定的核苷酸序列）來控制的。

（二）延伸階段：啟動子正好位於被轉錄基因的開始位置。新的 RNA 鏈的合成與延伸也是由 5′ 向 3′ 方向進行的。

（三）終止階段：在轉錄的最後階段，終止 RNA 新鏈合成是由一段稱為終止子（terminator）的核苷酸序列控制的。當 RNA 聚合酶移行到 DNA 上的終止子時，轉錄便停止下來。

小**博士**解說

轉錄的基本過程是 RNA 聚合酶向前移動，DNA 雙螺旋鏈逐步打開，模板鏈序列依次顯露出來，核苷酸按照鹼基配對原則，逐個加到前一個核苷酸的 3′ 端，而 RNA 鏈不斷地延伸下去。當 RNA 聚合酶移動到 DNA 上的終止訊號序列時，則 RNA 合成會停止，從而釋放出 RNA 鏈。

轉錄

1. 轉錄單位

5′
3′
啟動子　　　　　　基因 DNA　　　　　　　終止子

2. 轉錄起始

5′
3′
RNA 聚合酶

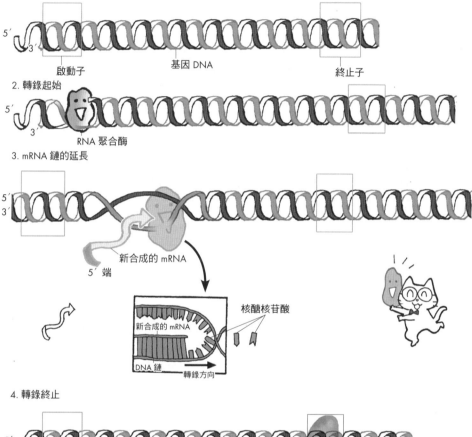

3. mRNA 鏈的延長

5′
3′
新合成的 mRNA

5′ 端

核醣核苷酸

新合成的 mRNA

DNA 鏈　　轉錄方向

4. 轉錄終止

5′
3′
RNA 聚合酶

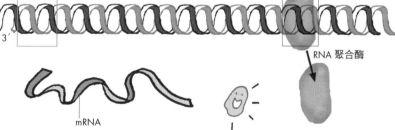

mRNA

2-21 **真核生物細胞中，成熟mRNA形成過程**

在真核生物細胞核中，DNA 鏈上具有不能編碼蛋白質的核苷酸片段，即內含子（intron）和編碼蛋白質的核苷酸片段，即外顯子（exon）。在轉錄之後新合成的 mRNA 是傳訊核糖核酸未成熟的 mRNA，又稱為前體 mRNA（pre-mRNA）或核內非勻 RNA（hnRNA），這些 RNA 需要經過一定的加工流程。

最簡單的加工是在剛轉錄的 RNA 特定部位進行剪接，除去內含子，還要在轉錄後的 RNA 的 5′端加一個甲基化的「帽子」和在 3′端加上一個多聚腺苷酸的尾巴，最後形成較短的有功能的成熟 mRNA。

在原核生物中，DNA 鏈上不存在內含子，因此轉錄和轉譯過程比真核生物要簡單。

轉錄的 RNA 產物分為三種：傳訊 RNA（mRNA）、核糖體 RNA（rRNA）與轉移 RNA（t RNA）。

原核生物轉錄的 mRNA 一般並不需要加工，但真核生物剛轉錄出的前體 mRNA 多無活性，需要進一步加工成有活性的成熟 mRNA。大致包括三個加工步驟：

（1）**加帽**（capping）：在轉錄的過程中，在 RNA 中在 5′端加上一個特殊的核苷酸（7－甲基鳥嘌呤核苷酸）「帽子」。

（2）**加尾**（tailing）：在轉錄的產物 RNA 中的 3′末端加上一百至兩百個腺嘌呤所構成的多聚腺苷酸（polyA）尾巴。

（3）**剪接**（spicing）：先將前體 RNA 中的一些內含子片段切除，再將稱為外顯子的編碼序列連接起來。

在真核生物中，各種前體 RNA 通常在核內加工成成熟的 mRNA、rRNA、與 t RNA 之後再輸入細胞質參與蛋白質的合成。mRNA 的加帽、加尾可能發揮保護 mRNA 不被降解的功能，因此真核生物 mRNA 的壽命較長，通常高達幾個小時以上，而原核生物 mRNA 的壽命較短，一般只有幾分鐘。而剪接的主要功能是使得 mRNA 具備合成一條多肽鏈的連續完整的編碼資訊。

真核生物細胞中，成熟 mRNA 形成過程。

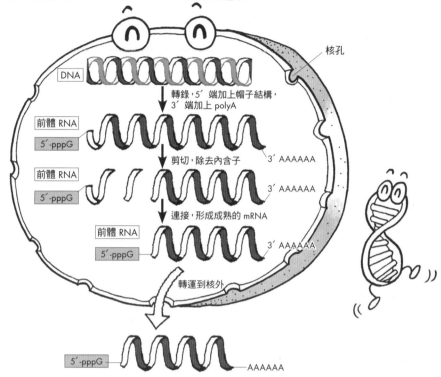

在真核生物細胞中，成熟 mRNA 形成過程的加工步驟

（1）加帽（capping）：在轉錄的過程中，在 RNA 中在 5´ 端加上一個特殊的核苷酸（7 - 甲基鳥嘌呤核苷酸）「帽子」。

（2）加尾（tailing）：在轉錄的產物 RNA 中的 3´ 末端加上一百至兩百個腺嘌呤所構成的多聚腺苷酸（polyA）尾巴。

（3）剪接（spicing）：先將前體 RNA 中的一些內含子片段切除，再將稱為外顯子的編碼序列連接起來。

2-22 **遺傳密碼的破譯**

當 Watson 和 Crick 發現了 DNA 雙股螺旋（Double Helix）結構之後，全世界的科學家都想到了下一個重大的問題：遺傳密碼的問題，即遺傳資訊是如何儲藏在只有簡單的鹼基差異的 4 種核苷酸之中呢？

這時最興奮的是數學家和物理學家，他們相信，運用邏輯運算或推導，就可以破譯這些簡單的遺傳密碼。但是幾年後的事實充分證實，遺傳密碼的最終破譯並不是由理論推導所獲得的，而是由兩位不知名的分子生物學家，在無數艱苦的實驗之中所獲得的。

為了闡述 DNA 與遺傳機制的關係，需要探討 DNA 為什麼是雙股螺旋結構。遺傳機制中最重要的是母體資訊是否正確地傳遞到子體，因此，正確複製帶有遺傳資訊的 DNA 就顯得尤其重要。

DNA 的雙股螺旋結構，在複製時非常方便。DNA 在複製時，鹼基會分離，並在 A 上結合一個 T，T 上結合一個 A，G 上結合一個 C，C 上結合一個 G，從而形成一個新的鎖鏈，在此時，一個一模一樣的雙股螺旋 DNA 即複製完成，即在一個雙股螺旋解體之後，與所對應的鹼基結合，從而形成新的雙股螺旋 DNA，於是一個 DNA 就變成了兩個 DNA。

雙股螺旋結構還有一個特色。即使 DNA 兩個鏈條中的一個遭到破壞，而剩下的另一個鏈條也可以重新結合遭到破壞的鏈條，從而修復 DNA。DNA 決定了各種的生命活動，如果很容易就破損，則會相當麻煩。由於 DNA 為雙股螺旋結構，所以只要有一個鏈條保持完整，就可以修復破損的鏈條。

小博士解說

在 1963 年，美國生化學家 Nirenberg 與 Matthaei 做了破譯編碼胺基酸的遺傳密碼研究。在 1966 年，Khorana 用實驗證實了 Nirenberg 等人所指的遺傳密碼的存在，發現了基因以核苷酸三聯體為一組編碼胺基酸，並完成了全部 64 個遺傳密碼的資訊工作，指出所有生物包括原核生物與真核生物都共用一套遺傳密碼。

隨著遺傳密碼的破譯，分子生物學進入了一個嶄新的時代。

遺傳密碼的轉譯與電報密碼譯成中文類似

序號	字母	數字	起	1	2	3	4	5	止
				五單位電碼					
1	A	—		●	●				●
2	B	?		●			●	●	●
3	C	:			●	●	●		●
4	D	$		●			●		●
5	E	3		●					●
6	F	%		●		●	●		●
7	G	&			●		●	●	●
8	H	"				●		●	●
9	I	8			●	●			●
10	J	'		●	●		●		●
11	K	(		●	●	●	●		●
12	L	)			●			●	●
13	M	.				●	●	●	●
14	N	,				●	●		●
15	O	9					●	●	●
16	P	0			●	●		●	●
17	Q	1		●	●	●		●	●
18	R	4			●		●		●
19	S	'		●		●			●
20	T	5						●	●
21	U	7		●	●	●			●
22	V	=			●	●	●	●	●
23	W	2		●	●			●	●
24	X	/		●		●	●	●	●
25	Y	6		●		●		●	●
26	Z	+		●				●	●
27	<						●		●
28	≡				●				●
29	字母交換			●	●	●	●	●	●
30	數字交換			●	●		●	●	●
31	間 隔					●			●
32									●

●間 隔 □空 號

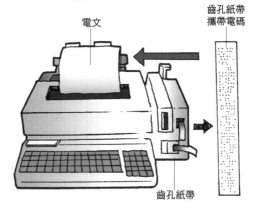

電文

齒孔紙帶攜帶電碼

齒孔紙帶

mRNA

多肽鏈

✚ 知識補充站

　　DNA 為去氧核糖核酸的高聚合物，它是染色體的主要成分，遺傳資訊的絕大部分儲存在 DNA 分子之中。由於各種射線、紫外線與很多的有害化學物質都會引起 DNA 分子之變異，促使 DNA 雙鍵之間的氫鍵發生斷裂，而解開雙股螺旋結構，從而破壞了 DNA 分子。

　　DNA 的雙股螺旋結構揭開了分子生物學的嶄新領域，而分子生物學家在 DNA 複製與重組方面取得了重大的突破。

2-23 **Matthei證明poly U合成的肽鏈全部是苯丙氨酸(Phe)**

　　1960 年，一個名叫 Matthei 的 31 歲青年，從德國來到美國華盛頓特區的國家衛生研究院尋找他所感興趣的研究工作。他發現，蛋白質合成研究既是一種挑戰，也蘊藏著突破的機會。在美國國家衛生研究院，當時有 3 位科學家在做細胞外的蛋白質的人工合成，Matthei 對其中 33 歲的 Nirenberg 的研究課題最感興趣，認為他與自己都屬於大腦發達的一類人，Matthei 從此開始與 Nirenberg 合作。

　　按道理說，Nirenberg 應該是 Matthei 的老板，但 Matthei 獨立研究的能力很強，他的加盟加速了在試管中合成多肽的工作。他們在試管中將 ATP 和游離的胺基酸加入到從細胞中萃取的核糖體、核酸和酶的混合物中，其他學者已經用這種方法將胺基酸連接到一段肽鏈上去，但是人們不知其所以然，不知道應該在試管中加入什麼遺傳資訊來合成特定的多肽。

　　Matthei 與 Nirenberg 經過思考和討論，共同提出了一個特別重要的基本問題：哪一種 RNA 可以促進多肽的合成？

　　為了回答這一問題，他們花費了大量的時間，建立和最佳化了一種對試管中加入了 ATP、游離的胺基酸、酶和核糖體及核糖體 RNA，這時試管中並沒有蛋白質的合成，實驗證實，僅有核糖體及核糖體 RNA 是不夠的，可能還需要帶有遺傳資訊的 RNA。

　　他們立刻列出了可以做實驗的其他 200 多種 RNA。此時，Matthei 和 Nirenberg 看中了煙草花葉病毒 RNA，因為這種簡單的病毒 RNA 帶有遺傳資訊。

　　實驗的結果令人興奮，大量的胺基酸在他們的試管系統中被合成一些神祕的蛋白質。接下來，他們又看中了用 Grunberg-Managо 方法來人工合成的 RNA。他們在一組試管中加入不同的酶、核糖體、ATP、16 種目前已有的胺基酸，然後在其中分別加入 polyU、polyA、polyAU，戲劇性的實驗結果更令人興奮，在 polyU 試管中產生了許多蛋白質。重要的發現來源於準確和及時地提出關鍵問題，這時，Matthei 立刻提問：polyU 主要利用了哪些胺基酸呢？於是，他決定將不同的胺基酸分別加入到 polyU 試管系統中。

　　經過了連續 5 天通宵達旦地工作，星期五的晚上 Matthei 又是站著工作了一夜，星期六早晨，熬紅了眼的 Matthei 終於得到了答案：polyU 合成的肽鏈全部是苯丙氨酸（Phe）。雖然這時 Matthei 還不知道幾個 polyU 可以在肽鏈上決定一個苯丙氨酸的合成，但此時，他卻是世界上破譯第一個遺傳密碼的人。

　　在 1961 年，Nirenberg 等人將多聚尿苷酸（polyU）加入一種無細胞蛋白質合成系統，得到了多聚苯丙氨酸的肽鏈，從而破譯了第一個密碼子（codon）：UUU 決定了苯丙氨酸。運用相同的方法發現了 AAA 決定了賴氨酸，CCC 決定了脯氨酸。在 1964 年，Nirenberg 與 Leder 等人又發明了運用三個核苷酸寡聚體來模擬密碼子，使之與放射性標記的胺基酸形成三元複合體，然後分離檢測的嶄新方法。隨後，多家實驗室使編碼二十種胺基酸的六十一個密碼子與三個不編碼胺基酸的密碼子很快地被全部破譯完成。

Matthei 證實 poly U 合成的肽鏈全部是苯丙氨酸（Phe）

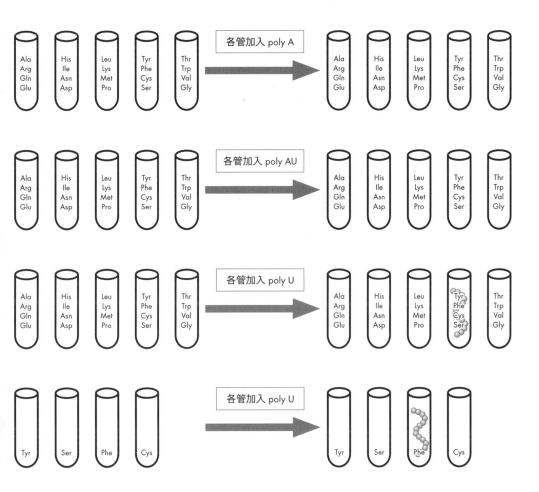

✚ 知識補充站

　　直到近年，遺傳密碼子一直被認為是在整個生物界中通用的。然而，現在已經知道存在極少數的例外。例如，在粒腺體、支原體與原生動物中發現了少數遺傳密碼子具有編碼的變異。因此現在的說法是，遺傳密碼子在生物界中是通用的。即各種細菌、動物、植物以及人類等各種生物都採用同一套遺傳密碼，此稱為遺傳密碼子的通用性（universality）。遺傳密碼的通用性為生物界具有共同起源的最有力證據之一。

2-24 ACA為決定酥氨酸的密碼子，
CAC為決定組氨酸的密碼子。

在從莫斯科回來之後，Nirenberg 全力組織其他遺傳密碼的轉譯。這時，Matthei 和 Nirenberg 的關係開始出現了裂縫，於是 Matthei 又回到了德國獨自進行研究。在轉譯其他遺傳密碼的競爭中，Nirenberg 的步伐越來越快，他又與其他科學家進一步合作，發現並定義了 3 個核苷酸為一個密碼子並決定一個胺基酸的轉譯。

在轉譯遺傳密碼的競爭中，另一位科學家 Khorana 發明了一種利用重複序列按照設計需要連接任意核苷酸的方法，他發現 ACACACACACACAC 鏈合成的是 Thr-His-Thr-His（酥氨酸－組氨酸－酥氨酸－組氨酸）鏈，證實了 ACA 是決定酥氨酸的密碼子，CAC 是決定組氨酸的密碼子等等。

在 1961 年，Nirenberg 等人將多聚尿苷酸（polyU）加入一種無細胞蛋白質合成系統，得到了多聚苯丙氨酸的肽鏈，從而破譯了第一個密碼子（codon）：UUU 決定了苯丙氨酸。運用相同的方法發現了 AAA 決定了賴氨酸，CCC 決定了脯氨酸。在 1964 年，Nirenberg 與 Leder 等人又發明了運用三個核苷酸寡聚體來模擬密碼子，使之與放射性標記的胺基酸形成三元複合體，然後分離檢測的嶄新方法。隨後，多家實驗室使編碼二十種胺基酸的六十一個密碼子與三個不編碼胺基酸的密碼子很快地被全部破譯完成。

小博士解說

遺傳密碼是指 DNA 鏈上特定的核苷酸序列，決定了蛋白質合成過程中如何由鹼基序列轉譯成不同的胺基酸。

（一）Khorana 的遺傳密碼轉譯法

| Khorana 的遺傳密碼轉譯法 | 證實了 ACA 是決定酥胺酸的密碼子 |
| | 證實了 CAC 是決定組氨酸的密碼子 |

（二）Matthei 證實 poly U 合成的肽鏈全部是苯丙氨酸（Phe）

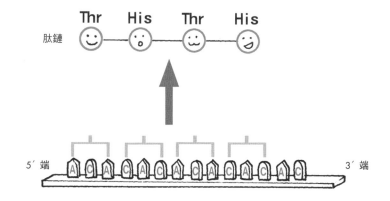

＋ 知識補充站

在轉譯遺傳密碼的競爭中，另一位科學家 Khorana 發明了一種利用重複序列按設計需要連接任意核苷酸的方法，他發現 ACACACACACAC 鏈合成的是 Thr-His-Thr-His（酥氨酸－組氨酸－酥氨酸－組氨酸）鏈，證實 ACA 是決定酥氨酸的密碼子，CAC 是決定組氨酸的密碼子等等。

2-25 mRNA 中的遺傳資訊

　　mRNA 中的遺傳資訊以 3 個鹼基形成的遺傳密碼決定肽鏈上一個特定的胺基酸，因此決定肽鏈上一個特定胺基酸的鹼基三聯體又稱為一個密碼子。到了 1966 年，Nirenberg 和 Khorana 等人完成了對全部遺傳密碼的轉譯，在全部 64 個密碼子中，61 個密碼子負責 20 種胺基酸的轉譯，1 個是起始密碼，3 個是終止資訊（終止密碼子）。

　　1967 年，Nirenberg 和 Khorana 共同獲得諾貝爾醫學獎。同一年，由 James Watson 編寫並暢銷的專著，「雙股螺旋」（Double Helix）問世，分子生物學進入了一個嶄新的時代。

　　如果將蛋白質比喻成構成細胞這部精密機械的零件，mRNA 即為生產這些零件的藍圖。每一種 mRNA 的鹼基序列攜帶了合成一種特殊蛋白質的編碼資訊，從而決定了此種蛋白質多肽鏈的胺基酸序列。可以從遺傳密碼來研究 mRNA 與基因的鹼基序列到底是如何編碼胺基酸的。

小博士 解說

　　蛋白質的合成需要 mRNA 作為模板，而 mRNA 則是以 DNA 為模板而合成的。在細胞中，RNA 都是以 DNA 為模板，依據鹼基配對原則，由 RNA 聚合酶催化合成的。其序列與 DNA 模板鏈互排。蛋白質的生物合成是將 mRNA 所攜帶的遺傳資訊轉化成特定的胺基酸順序的過程。

　　在細胞中，蛋白質的合成是一個嚴格按照 mRNA 上密碼子的資訊指揮胺基酸單體合成為多肽鏈的流程，此一流程稱為 mRNA 的轉譯。

遺傳密碼

第二位核甘酸

		U	C	A	G	
第一位核甘酸（5′端）	U	UUU UUC 苯丙氨酸 (Phe) UUA UUG 亮氨酸 (Leu)	UCU UCC UCA UCG 絲氨酸 (Ser)	UAU UAC 酪氨酸 (Tyr) UAA UAG 終止密碼	UGU UGC 半胱胺酸 (Cys) UGA 終止密碼 UGG 色氨酸 (Trp)	U C A G
	C	CUU CUC CUA CUG 亮氨酸 (Leu)	CCU CCC CCA CCG 脯氨酸 (Pro)	CAU CAC 組氨酸 (His) CAA CAG 穀氨酰胺 (Gln)	CGU CGC CGA CGG 精氨酸 (Arg)	U C A G
	A	AUU AUC AUA 異亮氨酸 (Ile) AUG 蛋氨酸(Met) 或起始密碼	ACU ACC ACA ACG 酥氨酸 (Thr)	AAU AAC 天冬酰胺 (Asn) AAA AAG 賴氨酸 (Lys)	AGU AGC 絲氨酸 (Ser) AGA AGG 精氨酸 (Arg)	U C A G
	G	GUU GUC GUA GUG 纈氨酸 (Val)	GCU GCC GCA GCG 丙氨酸 (Ala)	GAU GAC 天冬氨酸 (Asp) GAA GAG 谷氨酸 (Glu)	GGU GGC GGA GGG 甘氨酸 (Gly)	U C A G

第三位核甘酸（3′端）

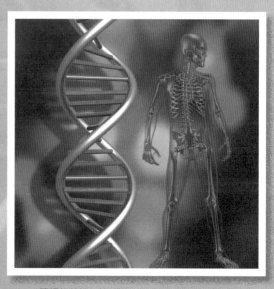

DNA 雙螺旋結構。（授權自 CAN STOCK PHOTO）

第 3 章
現代新生物技術

在 1953 年，科學家發現了遺傳基因的物質基礎：DNA 的雙螺旋體，從此打開了分子生物學的大門，也使生命科學邁進了新的紀元。生命科學研究的終極目的在於探究生命的奧祕，21 世紀生命科學的三大重要工作為：人類基因組解讀計劃、人類對大腦的研究以及動物複製的發展。人類將近 60% 的疾病與基因變異有關，人類具有意識，會思考與學習，其原因在於大腦所致，生物技術使人類擁有複製動物的能力，卻引起了空前的人類價值問題，如何藉助於科學來創造人類的美麗新世界（Brave new world），教育社會大眾認識生命科學，這是全人類的挑戰。

3-1 **現代生物技術**

　　1953 年，Watson 和 Crick 發現了 DNA 的雙股螺旋結構（Double Helix Structure），奠定了現代分子生物學的基礎，從而給整個生物學乃至整個人類社會帶來了一場革命。從此以後，越來越多的科學家投身於分子生物學研究領域，並取得了許多重大的進展。

　　1973 年，美國加州大學舊金山分校（U.C.Sanfrancisco）的 Herber Boyer 教授和史丹福大學的 Stanley Cohen 教授共同完成了一項著名的實驗。他們選用了一個僅含有單一 EcoRI 位點的質體載體 pSC101，並用 EcoRI 將其切為線性分子，然後將該線性分子與同樣具有 EcoRI 黏性末端的另一質體 DNA 片段和 DNA 連接酶混合，從而獲得了具有兩個複製起始位點的新的 DNA 組合。

　　這是人類歷史上第一次有目的的基因重組的嘗試。雖然這兩位科學家在這次實驗中沒有涉及到任何有用的基因，但是他們還是敏感地意識到了這一實驗的重大意義，並據此提出了「基因複製」的策略。這一策略一經提出，世界各國的生物學家們，立刻就敏感地認識到了這種對 DNA 進行重組的技術和基因複製策略的重大功能和深遠意義。於是在很短的時間內研究人員就開發出了大量行之有效的分離、鑑定複製基因的方法；DNA 重組技術使得生物技術過程中，生物轉化這個流程的最佳化過程，變得更為有效，而且它所提供的方法不僅可以分離到那些高產量的微生物菌株，還可以人工製造高產量的菌株，原核生物細胞和真核細胞，都可以作為生物工廠來生產胰島素、干擾素、生長激素、病毒抗原等大量的外源蛋白；DNA 重組技術還可以簡化許多有用化合物和大分子的生產過程。

　　植物和動物也可以作為天然的生物反應器，用來生產新的或改造過的基因產物；另外，DNA 重組技術大大簡化了新藥的開發和檢測系統。

　　可以說，DNA 重組技術在很大程度上得益於分子生物學、細菌遺傳學和核酸酶學等領域的發展；反過來 DNA 重組技術的逐步成熟和發展對生命科學的許多其他領域都產生了革命性的影響，這些領域包括生物行為學、發育生物學、分子進化、細胞生物學和遺傳學等，從而使得生命科學日新月異，其進展一日千里，成為 20 世紀以來發展最快的學科之一。

　　而受 DNA 重組技術的影響最為深刻的生物技術領域，迅速完成了從傳統生物技術向現代生物技術的飛躍轉變，從原來的一項鮮為人知的傳統產業，一躍而成為代表著 21 世紀的發展方向、具有遠大發展前景的新興學科和產業。

小博士解說

　　生物科技為二十一世紀自然科學的焦點，其主要原因為：（1）在二十世紀後期，分子生物學取得了一系列關鍵性的突破；（2）實驗室研究基礎導向的生物技術（biotechnology）的發展能帶給人健康。

（一）DNA 分子加工的關鍵技術

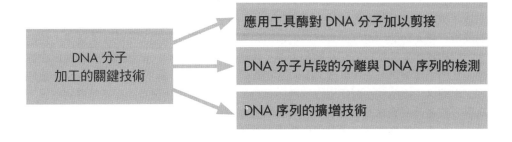

（二）Boyer 和 Cohen 的 DNA 重組實驗

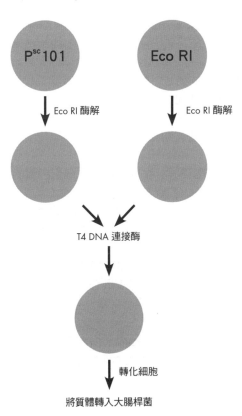

＋ 知識補充站

DNA 重組技術（recombinant DNA technology）是人為在生物體外執行 DNA 重組的技術。對 DNA 分子加以分工的關鍵技術包括應用工具酶對 DNA 分子加以剪接、DNA 片段的分離、DNA 序列的檢測與 DNA 序列的擴增等技術。

EcoRI 是從大腸桿菌中分離出的一種限制酶，它在切斷 DNA 雙鍵時，在切口產生由 AATT 四個鹼基形成的單鍵尾巴。同一個限制酶的切口都帶有此種相同的尾巴，它們相互之間能夠以鹼基配對形成氫鍵的方式黏著起來，故稱為黏性末端（cohesive end 或 sticky end）。大多數的限制酶能夠產生特定序列的黏性末端。現在已經從不同細菌中分離出兩百多種不同特異性的限制酶，其中一些常用的限制酶都已經商品化。各種限制酶為分子生物學家得心應手的「分子剪刀」。

3-2 現代生物技術的進展

　　近年來，現代生物技術領域的研發（Research and Development, R&D）取得了顯著的成績，使人類能夠更好而且更多地創造和製造出有用的商品。目前，大量與人類健康密切相關的基因都已得到複製和表現，胰島素、生長激素、細胞因子及多種單株抗體等基因工程藥物已正式生產上市。僅美國至 1997 年 7 月為止，就已批准了 39 種基因工程藥物、疫苗和注射用單株抗體。同時，現代農業生物技術在提高作物的抗病、抗蟲、抗逆及品質改良方面發揮了十分重要的功能。據相關統計結果，至 1997 年 4 月止，世界各國批准進行轉基因作物大田釋放已達 4,377 項，其中基因轉殖抗蟲及抗除草劑作物占多數。總之，現代生物技術已在農業、醫藥、輕工業、食品、環保、海洋和能源等許多方面得到廣泛地應用；同時，醫藥生物技術、農業生物技術等一些新型產業正在迅速形成。

　　現代生物技術的發展趨勢主要呈現在下列幾個層面：

　　(1) 基因操作技術日新月異，不斷改善。新技術、新方法一經產生便迅速地透過商業通路出售專項技術，並在市場上加以應用；

　　(2) 基因工程藥物和疫苗研究與開發突飛猛進。新的生物治療製劑的產業化前景十分光明，21 世紀整個醫藥工業將面臨全面的更新改造；

　　(3) 基因轉殖植物和動物取得重大突破。現代生物技術在農業上的廣泛應用作為生物技術的「第二波」（The Second Wave）在 21 世紀將全面展開，給農業畜牧業生產帶來新的飛躍；

　　(4) 闡明生物體（目前主要有人類、水稻、擬南芥等）基因組及其編碼蛋白質的結構與功能是當今生命科學發展的一個主流方向。目前已有多個原核生物及一個真核生物（酵母）的基因組序列被全部測定。與人類重大疾病相關的基因和與農作物產量、品質、抗性等有關基因的結構與功能及其應用研究，是今後一個時期研究的熱重點；

　　(5) 基因治療取得重大進展，有可能革新整個疾病的預防和治療領域。估計到 21 世紀初，惡性腫瘤、愛滋病（AIDS）等嚴重疾病的防治可望有所突破；

　　(6) 蛋白質工程是基因工程的發展，它將分子生物學、結構生物學、電腦技術整合起來，形成了一門高度科技整合的學科；

　　(7) 國際上資訊技術的飛速發展整合到生命科學領域中，形成了引人注目、用途廣泛的生物資訊學。全球通訊網路的日趨擴大和完備化，也大大地加速了生物技術的研究、應用和開發。

現代生物技術是一門門類眾多、涉及科技整合的綜合性技術。

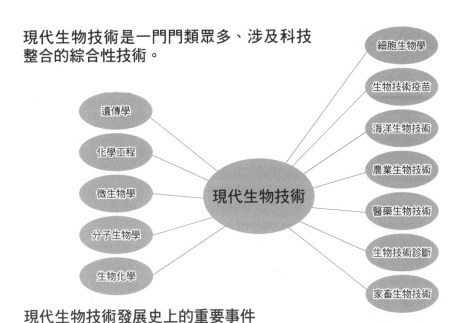

遺傳學
化學工程
微生物學
分子生物學
生物化學

現代生物技術

細胞生物學
生物技術疫苗
海洋生物技術
農業生物技術
醫藥生物技術
生物技術診斷
家畜生物技術

現代生物技術發展史上的重要事件

1917	Karl Ereky 首次使用「生物技術」這一名詞
1943	大規模工業生產青黴素
1944	Avery、MacLeod 和 McCarty 透過實驗證實 DNA 是遺傳物質
1953	Watson 和 Crick 闡明了 DNA 的雙螺旋結構
1961	「生物技術和生物工程」雜誌創刊
1961-1966	破譯遺傳密碼
1970	分離出第一個限制性內切酶
1972	Khorana 等人合成了完整的 TRNA 基因
1973	Boyer 和 Cohen 建立了 DNA 重組技術
1975	Kohler 和 Milstein 建立了單株抗體技術
1976	第一個 DNA 重組技術規則問世
1976	DNA 定序技術誕生
1978	Genentech 公司在大腸桿菌中表現出胰島素
1980	美國最高法院對 Diamond 和 Chakrabarty 專利案作出裁定，認為經基因工程操作的微生物可獲得專利。
1981	第一台商品化生產的 DNA 自動定序儀誕生
1981	第一個單複製抗體診斷試劑在美國被批准使用
1982	用 DNA 重組技術生產的第一個動物疫苗在歐洲獲得批准
1983	基因工程 Ti 質體用於植物轉化
1987	美國授予對腫瘤敏感的基因工程鼠，給予專利。
1987	聚合酶連鎖反應（PCR）方法問世
1990	美國批准第一個體細胞基因治療方案
1997	英國培養出第一隻複製桃莉羊
1998	美國批准愛滋病疫苗進行人體實驗
1998	日本培養出複製牛，英美等國培養出複製鼠。

3-3 **基因工程**

基因工程又稱為遺傳工程（genetic engineering），它是利用 DNA 重組技術改變生物基因，從而改造生物的技術。基因工程與 DNA 重組技術的廣義內涵基本一致，故兩個名詞常常通用。

基因工程（gene engineering）是按著人們的研發或者生產需求，在分子層級上，用人工方法萃取或合成不同生物的遺傳物質（DNA 片段），在體外切割，拼接形成重組 DNA，然後將重組 DNA 與載體的遺傳物質重新組合，再將其引入到沒有該 DNA 的受體細胞中，進行複製和表現，生產出符合人類需要的產品或創造出生物的新性狀，並使之穩定的遺傳給下一代。按目的基因的複製和表現系統，分為原核生物基因工程、酵母基因工程、植物基因工程和動物基因工程。

基因工程有兩個重要的特徵：

(1) 第一是可把來自任何生物的基因轉移到與毫無關係的任何其他受體細胞中，因此可以實現依照人們的願望，改造生物的遺傳特性，創造出生物的新性狀；

(2) 第二是某一段 DNA 可在受體細胞內加以複製，為製備大量純化的 DNA 片段提供了可行性，從而拓寬了分子生物學的研究領域。

基因工程是 1970 年代發展起來的一門科際整合學科，它整合了分子生物學、分子遺傳學、細胞學、物理學、化學的許多最新成果。對基因工程的誕生發揮決定性功能的是現代分子生物學的三大發現（DNA、DNA 分子的雙螺旋結構與半保留複製機制與確定了遺傳資訊的傳遞方式）及技術上的三大發明（限制性核酸內切酶與 DNA 連接酶、基因工程的載體與逆轉錄酶的發現）。

基因工程具有廣泛的應用價值，為工業及農業生產和醫藥衛生事業開闢了新的應用途徑，也為遺傳病的診斷和治療提供了有效方法。基因工程還可應用於基因的結構、功能與作用機制的研究，有助於生命起源和生物演化等重大問題的探討。

DNA 聚合酶鏈式反應（polymerase chain reation, PCR）是一種在試管中透過酶促反應大量複製特定的 DNA 序列的技術，即建立一套大量快速擴增特異 DNA 片段的系統，此種 PCR 技術，可在體外透過酶促反應成百萬倍地擴增所需要的 DNA 片段。此技術是美國 Cetus 公司的 K. Mullis 等人於 1985 年所發明的。PCR 技術快速敏感，簡單易行，其原理並不複雜，與細胞內 DNA 複製過程類似。PCR 是一種效率極高的反應。經過 PCR 儀由溫度變化所控制的鏈式循環反應，其目標 DNA 片段的拷貝數，在每輪反應中可增加一倍，經過二十多輪反應可增至一百萬倍以上，因此，擴增片段很快地成為試管中 DNA 的主體，很容易用凝膠電泳直接加以檢測。

以 PCR 為基礎所發展起來的各種技術具有經濟實用與方便快捷的優勢，已迅速推廣應用於 DNA 的檢測、定序、複製等分子生物學領域。

小博士 解說

基因工程利用 DNA 重組技術來改變生物基因型，從而改造生物的技術。

PCR 架構圖

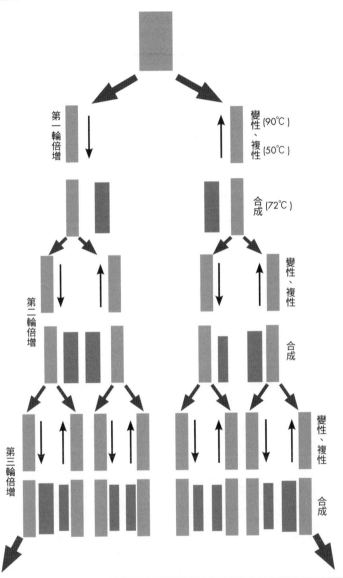

＋ 知識補充站

　　基因工程具有廣泛的應用價值，為工業及農業生產和醫藥衛生事業開闢了新的應用途徑，也為遺傳病的診斷和治療提供了有效方法。基因工程還可應用於基因的結構、功能與作用機制的研究，有助於生命起源和生物演化等重大問題的探討。

3-4 **標靶基因的獲取**

標靶基因在受體細胞中，能準確地轉錄和轉譯，顯示了基因工程的成功之處。即標靶基因在受體細胞中，有能被受體細胞識別的啟動基因順序，以及能與核醣體結合的位點，標靶基因能夠合成出人類需要的蛋白質，於是基因工程宣告完成。

利用基因工程技術已成功地將人或動物的某些基因，例如胰島素、人生長激素、人胸腺激素 α-1、人干擾素、牛生長激素、B 型肝炎病毒和口蹄疫病毒抗原的基因等，均可導入大腸桿菌中，進而生產出相應的產品。

基因工程的第一步，就是要獲得標靶基因。在原核生物中，結構基因通常會在基因組 DNA 上形成一個連續的編碼區域，但在真核生物中，外顯子（編碼區）往往會被內含子（非編碼區）分開，因此，原核、真核基因的分離，要採用不同的方法。

目前已有多種方法可以獲得標靶基因。例如採用化學方法來合成基因，從所建構的基因庫中萃取標靶基因，應用 mRNA 逆轉錄法合成 cDNA、PCR 法等。

1. 化學合成基因

基因就其化學本質而言，是一段核苷酸序列。知道了基因序列便可以在實驗室中進行基因的人工合成。在 1970 年代後期，許多基因序列都被成功地測定出來。

2. 基因庫的建構及標靶基因的分離

所謂基因庫是指某一生物體所有基因組 DNA 序列複製群集。

3. 用 PCR 法獲得標靶基因

聚合酶鏈式反應（Polymerase Chain Reaction, PCR）技術，可在體外運用酶促反應成百萬倍地擴增所需的 DNA 片段。

4. 運用轉錄法獲得真核標靶基因

在基因工程中，為得到真核基因，一般是先分離純化標靶基因的 mRNA，mRNA 並沒有內含子，將其移轉成單鏈 DNA，再經過 DNA 聚合酶的運作，產生雙鏈 DNA，從而獲得標靶基因。

小 博 士 解 說

標靶基因在受體細胞中，能夠準確地轉錄和轉譯。

DNA 重組技術

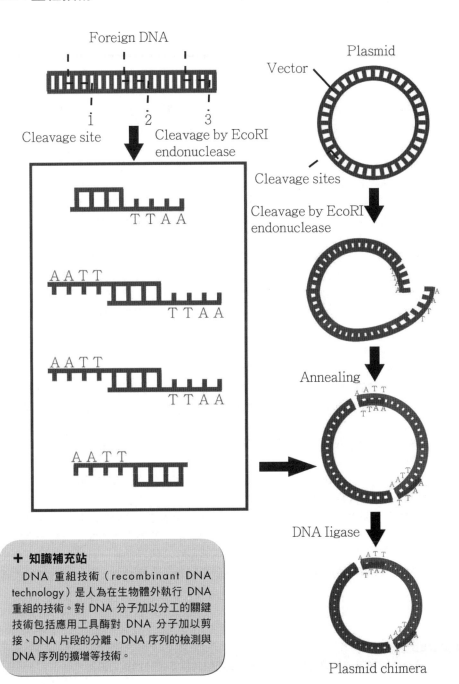

Foreign DNA

Cleavage site

1   2   3

Cleavage by EcoRI
endonuclease

Plasmid

Vector

Cleavage sites

Cleavage by EcoRI
endonuclease

T T A A

A A T T

T T A A

A A T T

T T A A

A A T T

Annealing

DNA ligase

Plasmid chimera

＋ 知識補充站

　　DNA 重組技術（recombinant DNA
technology）是人為在生物體外執行 DNA
重組的技術。對 DNA 分子加以分工的關鍵
技術包括應用工具酶對 DNA 分子加以剪
接、DNA 片段的分離、DNA 序列的檢測與
DNA 序列的擴增等技術。

3-5 生物晶片

　　生物晶片技術的出現，有可能解開遺傳語言之謎，並且揭示生命的本質，進而瞭解許多複雜的致病機制，並發揮重要的功能。生物晶片的出現僅僅只有幾年，但它已經吸引了無數人的注意。這一技術目前雖尚處於它的成長初期，但人們都相信在下一世紀許多生物化學反應，尤其是目前在凝膠上、膜上和酶標板上進行的生化反應都將在晶片上完成。有人預計生物晶片技術將會和聚合酶連鎖反應（PCR）和 DNA 重組技術一樣，為分子生物學和相關學科帶來突飛猛進的發展。生物晶片的特色是可以在小小的面積上，運用平行的反應帶來無數的生物資訊。這些資訊中還有大部分目前人們尚不十分瞭解。正如考古學家發現了載有古文字的器件時，一時還不能讀懂它。但這些古文字卻是研究人類古文化的關鍵。

　　生物晶片帶來的資訊也蘊藏著生物學中結構與功能的內在關鍵。科學家們正在用現代方式不斷破譯著其間的關係。生物晶片的應用具有十分巨大的潛力。在後基因組研究、新藥研究、生物物種改良、疑難疾病（包括癌症、老年痴呆症等）的病因研究和醫學診斷等方面已經提供有價值的資訊。隨著生物晶片製作製程和檢測分析方式的飛速發展，它必將成為科學家們手中的有力武器。生物晶片技術，即是將成千上萬種具有生物識別功能的分子，有序地點陣排列在面積不大的基片上，並與標記的檢體分子，同時反應或雜交。透過放射性自顯影、螢光掃描、化學發光或酶標顯示可獲得大量有用的生物資訊。

　　生物晶片的概念來自電腦晶片，發展至今不過 10 年左右，但進展神速。迄今已有近百家公司從事生物晶片相關製程、設備及檢測方式和軟體的發展。

　　晶片分析的實質是在面積不大的基片表面上，有序地點陣排列了一系列固定於一定位置的可尋址的識別份子，結合或反應在相同條件下進行。反應結果用同位素法、化學螢光法、化學發光法或酶標示法顯示，然後用精密的掃描儀或電荷耦合元件（Charged Coupled Deviced，CCD）攝影技術記錄。透過電腦軟體分析，綜合成可讀的 IC 資訊。

　　晶片分析實際上也是傳感器分析的組合。晶片點陣中的每一個單元微點都是一個傳感器的探頭。所以傳感器技術的精髓往往都被應用於晶片的發展。陣列檢測可以大大提高檢測效率，減少工作量，增加可比對性。所以晶片技術也是感應技術的發展。由於最初的生物晶片主要目標是用於 DNA 序列的測定、基因表現譜鑑定及基因突變的檢測和分析，所以它又被稱為 DNA 晶片或基因晶片。但目前此一技術已延伸至免疫反應、受體結合等非核酸領域。所以依照現狀改稱為「生物晶片」更能符合發展的趨勢。

小博士解說

　　生物晶片技術有可能解開遺傳語言之謎，進而瞭解許多複雜的致病機制。

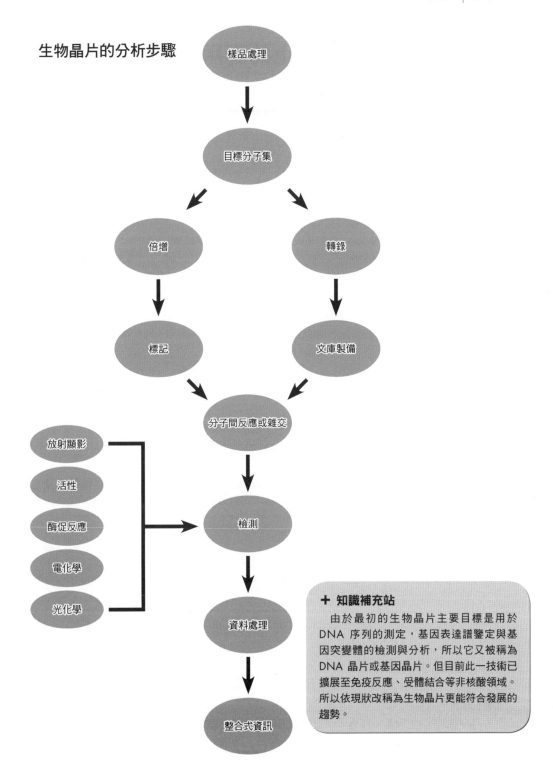

生物晶片的分析步驟

樣品處理

↓

目標分子集

↙ ↘

倍增　　　轉錄

↓　　　　↓

標記　　　文庫製備

↘　　↙

分子間反應或雜交

↓

放射顯影
活性
酶促反應　→　檢測
電化學
光化學

↓

資料處理

↓

整合式資訊

＋ 知識補充站

　　由於最初的生物晶片主要目標是用於 DNA 序列的測定，基因表達譜鑒定與基因突變體的檢測與分析，所以它又被稱為 DNA 晶片或基因晶片。但目前此一技術已擴展至免疫反應、受體結合等非核酸領域。所以依現狀改稱為生物晶片更能符合發展的趨勢。

3-6 **生物晶片在醫學上的應用**

有不少已有製好的基因晶片作為商品供應，人類基因過於龐大，往往只能侷限於一個組織器官，例如有關前列腺也有已經製好的晶片。

表現分析往往採用平行比對的方法來進行。此種方法尤其成功地被用於演化研究及藥物、毒物或各種因素對有機體的影響等方面。

在醫學中，晶片最早被用於遺傳病的研究。這很容易整合在玻片上的探針陣列，與從受檢物件所得標本 DNA，運用 PCR 螢光標記之後，進行雜交來加以檢測。

腫瘤研究是晶片在疾病方面研究很多的領域。癌基因中產生突變的檢測確定、抑癌基因的缺乏和變異、癌細胞藥基因的研究都已大量進行。具有較普遍意義的 P53、Ras、BRCA1、Rb、Bcr-Ab1 等基因均已製成了晶片，可供直接使用。

發炎反應所涉及的基因變化，也已用晶片進行過研究。

病原體的檢測和診斷用晶片較易完成。晶片不僅可 1 次檢測多種病毒、細菌等微生物，而且可以鑑別菌株和亞型，這些資訊使醫生有可能採用恰當的治療措施。

在蛋白質研究方面，晶片或微點陣技術可應用於單抗／抗原，受體／配體之間的互動，也可用於噬菌體顯示系統，有助於新基因核酸功能的闡明。

由於雷射共聚焦掃描器具有的高解析度（可達 5μ）使在組織切片上用螢光抗體或螢光標記核酸探針，進行整體的分析，取得清晰的影像和量化分析結果。

生物晶片技術在 21 世紀初將是迅速竄起的一顆生物技術的彗星，它的光芒將應用到生命科學的各個領域。

生物晶片的應用正在方興未艾地發展中。從經濟效益來說，其最大的應用領域可能是藥廠用來開發新藥。例如，Incyte Pharmaceutical Inc, Sequana Therapeutics, Millenium Pharmaceutical Inc 等。

在 1998 年底，美國科學促進會將生物晶片技術列為 1998 年的年度自然科學領域的十大進展之一。一些科學家將生物晶片稱為「可以隨身攜帶的微型實驗室」。

小博士解說
一些科學家將生物晶片稱為「可以隨身攜帶的微型實驗室」。

生物晶片可精確辨別癌症的型式

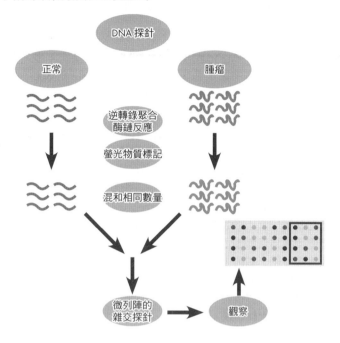

基因篩選之後的定序流程圖

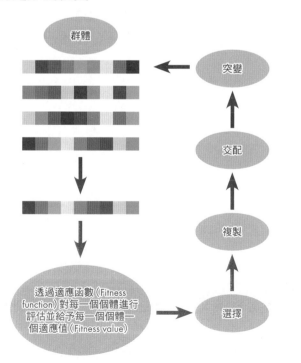

3-7 **基因工程概論**

（一）基因工程概論

　　基因工程（genetic engineering）是指在微觀領域（分子層級）中，根據分子生物學和遺傳學原理，設計並執行一項把一個生物體中有用的目的 DNA（遺傳資訊）轉入另一個生物體中，使後者獲得新的需要的遺傳性狀或表現所需的產物，最終實現該技術的商品化附加價值。

　　例如，利用轉錄基因的細菌、植物或動物生產某些蛋白質藥物，提高農作物抗病蟲害的能力，促進農作物的光合作用效率進而提高產量等等。這種以重組 DNA 操作為關鍵性技術的過程，其目的、原理和步驟等類似於現代工程學科中的設計與施工過程，因此被稱為基因工程。執行基因工程，就好比在微觀的細胞中加以設計，並建構了一棟新的「基礎建設」（Infrastructure）。

　　基因工程是在基因層級上的遺傳工程，它意指人為地將外源 DNA 萃取或化學合成出來，與載體連接成自我複製能力的重組 DNA 分子，運用各種方法轉入宿主細胞中擴增與表達的遺傳操作。基因工程為整合應用分子生物學、生物化學、細胞生物學以及遺傳學，其目的是按照人們的意願來改進與建立動植物新品種、診斷與治療人類遺傳病、生產工農業產品與提供商業服務。基因工程與發酵工程、酶工程及細胞工程為生物工程的四大關鍵性支柱系統。

（二）基因工程的應用

　　自 1970 年代基因工程問世至今，經過科學家們近 40 年來的研究與發展，已取得一系列重大的突破，其研究成果已廣泛應用於工業、農業、畜牧業、醫學、法學等領域，為人類創造了鉅大的財富，成就了生物技術產業，並展現出美好的應用前景。

小博士解說

　　基因工程的應用範圍大致為：（一）農業生產；（二）生物製藥的開發與環境保護。

基因工程與建築施工的比較

建築施工

設計 ➡ 施工 ➡ 完成

基因工程

  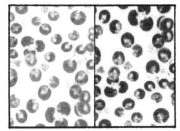

＋ 知識補充站

以重組 DNA 操作為關鍵性技術的過程，其目的、原理和步驟等類似於現代工程學科中的設計與施工過程，因此被稱為基因工程。執行基因工程，就好比在微觀的細胞中加以設計，並建構了一棟新的「基礎建設」（Infrastructure）。

3-8 部分利用基因工程技術 所研製的蛋白質產品

　　基因工程技術包括了一系列的分子生物學操作步驟。

　　利用基因工程技術，我們不但可以大量生產特殊的基因，還可以大量生產在自然界很難得到的蛋白質。

　　例如，一些控制細胞的代謝和發育的關鍵性蛋白，它們在生物體內非常稀少，用一般傳統的生物化學方法很難加以分離和純化。

　　在 1982 年，美國食品與藥物管理局批准了第一個基因工程產品：人工胰島素投入市場，胰島素是治療糖尿病等的重要藥物，具有很高的附加價值。在利用胰島素轉殖基因的大腸桿菌大量生產該產品之前，傳統方法是從豬和牛的胰腺中萃取和分離這些稀少珍貴的化合物。利用重組 DNA 技術生產胰島素是生物科技領域發展的一個里程碑，它標示了基因工程產品正式進入到商品化階段。

　　此後，又出現了更多的基因工程產品和蛋白質藥物，例如：人類生長激素、干擾素、淋巴介白素 -2、粒細胞群集因子、B 型肝炎疫苗等等（如右表）。科學家們期望在不遠的將來，藉助於基因轉殖技術，大量的基因都可以從生物體細胞中複製出來，然後在細菌等單細胞生物中表現，產生大量各種蛋白質和酶。初步估計，僅僅人的大腦就包括了幾萬種不同的蛋白，研究這些蛋白的結構、功能和應用，對人類社會的發展相當重要。

小博士解說

　　基因工程技術在農業上的應用最為廣泛。在畜牧業中的基因工程產品包括動物疫苗、生長激素等。植物基因工程在種植業生產上顯示了更美好的應用前景，基因工程技術還被應用於環境保護，例如：基因轉殖、基因微生物吸收環境中的重金屬，化解有毒與有害的化合物，處理工業廢水等方向的研究已經有所進展。

（一）利用基因工程技術生產大量的蛋白質

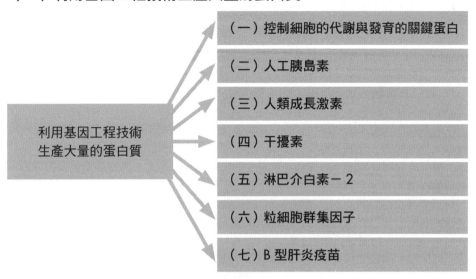

利用基因工程技術
生產大量的蛋白質

→（一）控制細胞的代謝與發育的關鍵蛋白

→（二）人工胰島素

→（三）人類成長激素

→（四）干擾素

→（五）淋巴介白素－2

→（六）粒細胞群集因子

→（七）B 型肝炎疫苗

（二）各種通用基因工程的蛋白質產品

產品工程	細菌或細胞	應用
人工胰島素	大腸桿菌	治療糖尿病
人類生長激素（GH）	大腸桿菌	治療生長缺陷症
表皮生長因子（EGF）	大腸桿菌	治療燙傷、胃潰瘍等
腫瘤壞死因子	大腸桿菌	殺死某些腫瘤細胞
淋巴介白素-2（IL-2）	大腸桿菌	治療某些癌症
尿激素原	大腸桿菌	治療心臟病
豬生長激素（PGH）	大腸桿菌	促進豬快速生長
牛生長激素（BGH）	大腸桿菌	促進牛快速生長
纖維素	大腸桿菌	分解纖維素、生產動物飼料
α-干擾素	酵母菌	治療癌症或病毒感染
B 型肝炎疫苗	酵母菌	預防病毒性肝炎
群集刺激因子（CSF）	哺乳動物細胞	輔助治療血友病、愛滋病及其他傳染性疾病
紅血球生成素（EPO）	哺乳動物細胞	治療貧血症
抗血友病因子	哺乳動物細胞	治療血友病
組織溶纖原啟動劑（tPA）	哺乳動物細胞	治療心臟病

3-9 **現代生物科技革命**

生物科學成為目前世界自然科學的重點，主要是由於下列兩方面的原因：

(1) 在 20 世紀後半葉，分子生物學領域系列突破性成就，使得生命科學在自然科學中的地位發生了革命性的變化；

(2) 建立在實驗室研究基礎上的生物科技（biotechnology）的發展，為人類帶來了鉅大的利益和財富。

生物科技的成果和成功應用首先需要實驗室大量複雜的基礎研究工作，像是生物科技或是微生物學、分子生物學、化學工程、材料科學等科技整合的整合式學科。高科技（精密的複雜技術）、高投入（尤其是前期研發投入高）、高利潤是生物科技產業的顯著特色。

科學界廣泛地認識到：生物學為 21 世紀發展最快的學科，生物科技將是未來經濟發展的新動力，它們將在農業、動物飼養業、能源、生物法整理環境汙染、纖維和包裝材料、藥物和醫學等領域形成巨大的產業。

從以開發利用石油和金屬為主的傳統工業經濟轉移到開發利用基因的經濟，將從根本上改變我們的文明。在幾百年前，以蒸汽機為指標的工業革命被稱為人類的第一次技術革命，它以機器代替人力，在幾十年前，以電腦和網路為指標的電子和資訊技術革命被看作是人類的第二次技術革命，它延伸了人的大腦，相當程度地提高了人們擷取和交流資訊的速度和廣度；科學家們預言，以 DNA 重組和基因複製為指標的生物科技，為人類歷史上第三次技術革命，生命的複製和改造將相當程度地提高人類生活的品質，這一次革命更重大的意義在於，人類不但可以改造大自然，還可以改造人體本身。

小博士解說

生命科學研究的最終目的在於探究生命的奧祕，21 世紀生命科學的三大重要研究工作：

（1）人類基因組解讀計劃；

（2）人類對大腦的研究；

（3）動物複製技術的發展，人類將以 60% 疾病與基因變異有關，人類有意識、會思考、學習、分析、判斷，原因在大腦，生物科技使人類擁有複製動物的能力（例如桃莉羊），引起了空前的人類價值問題之探討。

如何藉助於科學創造人類的美麗新世界（Brave New World），教育社會大眾及廣大學生族，認識科學，將是全人類永續發展的挑戰。

（一）21 世紀生命科學的三個重要研究工作

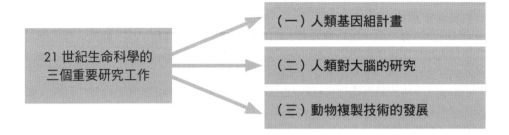

21 世紀生命科學的
三個重要研究工作

（一）人類基因組計畫

（二）人類對大腦的研究

（三）動物複製技術的發展

（二）利用生物科技的生產線

＋ 知識補充站

生物科技為一門創造性的科學，它具有驚
人的發展潛力與應用前景，它的發展將帶給
人類龐大的社會與經濟效益，它正開始擴散
到人類生活的多種層面。

3-10 **現代生物科技發展的大事件**

自從世界上第一個生物科技公司──Genetech 公司於 1976 年成立以來，現在世界上已湧現出了幾千個生物科技公司，估計年產值高達 6,000 億美元。目前，世界著名的生物科技公司包括杜邦（Dupont）公司、孟山都（Monsanto）公司、Medicago 公司、Genetech 公司、Novo Nordisk 公司等等。

一般認為，生物科技通常包括基因工程、細胞工程、發酵工程和蛋白質工程等 4 個方面的內容。

其中，以複製和重組 DNA 為核心技術的基因工程發展最快，也帶動或促進了細胞工程、發酵工程和蛋白質工程的發展。從上述有關生物科技的定義來看，除了基因工程、細胞工程、發酵工程和蛋白質工程這 4 個方面的內容之外，基因診斷與基因治療技術、複製動物技術、生物晶片（Biology chip）技術、生物材料技術、生物能源技術、利用生物降低環境中有毒有害化合物的技術等等，都是生物科技範疇的重要內容。

現代生物科技實際上是建立在科技整合基礎之上、涉及面相當廣泛的整合式技術，與生物科技直接相關聯的學科至少包括分子生物學、微生物學、生物化學、遺傳學、細胞生物學、化學工程學、醫藥學等。

對人類和社會生活各方面影響最大的生物科技領域還可以依據行業分為農業生物科技、醫藥生物科技、環境生物科技、海洋生物科技等等。現代生物科技已經為人類提供了巨大的利益，例如：更加準確地診斷和更加有效地預防或治療傳染病和遺傳疾病；有效地提高農作物的產量和品質，獲得抗病蟲害，抗病毒、抗乾旱等優良性狀的植物；開發製造出可以生產化學藥物、生物多聚合物（例如可降解生物塑膠）、胺基酸和食品添加劑的微生物，從環境中化解或清除汙染物和廢棄物等。

生物科技的發展可追溯到 19 世紀，但直到 20 世紀後半葉，現代生物科技才生機蓬勃地發展。右表列舉了部分對現代生物科技的發展，具有重大意義的事件。

小博士解說

現代生物科技最重大的發展如下：

（一）基因組與基因組學

基因組學強調以基因組為單位，而不是以單一基因為單位作為研究對象。因此，基因組學的研究目標是認識基因組的結構、功能及演化，弄清基因組所包含遺傳物質的全部資訊及其相互關係，為了有效地利用各種有益資源，預防及治療人類遺傳病提供系統化的依據。基因組學中相當重要的一部分為基因組計畫。

（二）人類基因組計畫

「人類基因組計畫」（Human Genome Project, HGP）將定序構成人類基因組的 30 億個核苷酸，建構高解析度的人類基因組遺傳圖譜、電體圖譜、發展技術、研究系統與儀器設備及生物資訊學。在 2003 年，人類完成了精密的基因組整體序列圖，而使「生命之書」完全展現在人類面前，這是遺傳學與生命科學發展史的一個重要的里程碑。

（一）現代生物科技最重大的發展

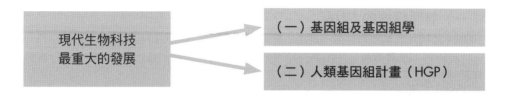

（二）現代生物科技發展的大事件

時間（西元）	事　件
1822~1884	Mendel 創立了傳統的遺傳學法則，被譽為傳統遺傳學之父。
1822~1895	Pasteur 創立了微生物學，在微生物發酵研究領域做出了巨大的貢獻。
1929~1943	Alexander Fleming 發明青黴素，最終導致大規模工業生產青黴素。
1944	Avery 等的肺炎雙球菌實驗，證實蛋白質不是遺傳物質，而 DNA 是遺傳物質。
1953	Watson、Crick 首次發現 DNA 雙螺旋結構。
1960~1970	超速離心、層析技術、電脈衝技術、光譜技術、色譜技術、放射性同位素標記技術等日趨成熟。
1970	核酸限制性內切酶（分子手術刀）和連接酶相繼被發現。
1973	Cohen（美國史丹佛大學教授）和 Boyer（美國加州大學教授）完成了 DNA 體外重組，一舉打開基因工程學大門，他們被譽為重組 DNA 技術之父。
1976	Swanson 與 Cohen 合作，全球第一家生物科技公司：Genetech 公司問世。兩年後該公司首次用基因工程技術在大腸桿菌中表現和生產胰島素。
1981	第一個單複製抗體診斷劑盒在美國被批准使用。
1988	美國 Kary Mullis 發明 PCR（聚合酶鏈式反應）技術。
1997	英國科學家 Wilmut 等人完成了第一隻哺乳動物——桃莉羊的複製。生物晶片問世。
1999.12	人類基因組計劃獲得重要進展，科學家宣布，人類第 22 號染色體（人類 23 對染色體中最小的染色體）含 3.34×10^7 個鹼基序列的測定已經全部完成，這是人類完成的第一個人類自身染色體的整體序列測定。
2000.6.26	在多方參與和協調下，人類基因組工作架構圖完成，顯示了功能基因組時代的到來。
2001.2	人類基因組架構圖資料報表正式發表，人類 23 對染色體上的基因數為 3 萬至 3.5 萬。

3-11 **雙股螺旋 DNA**

（一）雙股螺旋的 DNA

DNA 又稱為去氧核糖核酸，是染色體的主要化學成分，同時也是組成基因的材料。有時被稱為「遺傳微粒」，因為在繁殖過程中，父代把它們自己 DNA 的一部分複製傳遞到子代中，從而完成性狀的傳播。

1953 年，華森（James D.Watson）和克里克（Francis Crick）兩位科學家發現，遺傳因子 DNA 是一種雙螺旋狀的化學物質。此發現對於演化論產生了重大的影響。在此之前先介紹一下 DNA。

（二）DNA 的結構

從化學上來看，DNA 是由核苷酸所構成的，核苷酸又由糖、磷酸和鹼基所組成。而核苷酸組成兩條長鏈，此兩條長鏈呈現雙螺旋狀。如果是簡單螺旋的話，有可能很容易就會散開，因此，這兩條長鏈緊密地連接在一起。而連接這兩條長鏈的是腺嘌呤、胸腺嘧啶、鳥嘌呤和胞嘧啶這 4 種鹼基。

A 表示腺嘌呤，T 表示胸腺嘧啶，G 表示鳥嘌呤，C 表示胞嘧啶。腺嘌呤、胸腺嘧啶、鳥嘌呤和胞嘧啶這 4 種鹼基，不論是細菌還是人類都是相同的。而這 4 種鹼基也代表了遺傳資訊。通俗地說，A、T、G、C 這 4 個字母的不同排列方式代表了不同的遺傳資訊。

此一遺傳資訊可以控制蛋白質的產生，而蛋白質對於生物生存是不可或缺的，它是由氨基所組成的。氨基有 20 種，每 3 個鹼基的排列方式決定一種氨基，多種氨基結合在一起成為一個蛋白。

小**博士**解說

在 1944 年，Avery 用轉化實驗證實了遺傳物質為 DNA 而不是蛋白質，後來又發現某些病毒並不含有 DNA，而含有 RNA，證實了 RNA 也是遺傳物質。性狀表現為蛋白質的功能，基因控制性狀實質上即為基因控制蛋白質的生物合成流程。許多的實驗證實，基因的功能受到嚴密的調控。

20 世紀的生物學研究發現：細胞由細胞膜、細胞質與細胞核等所組成。在細胞核中有一種物質稱為染色體，它主要是由一些稱為去氧核醣核酸（DNA）的物質所組成。

雙股螺旋的 DNA

DNA 又稱為去氧核糖核酸,是染色體的主要化學成分,同時也是組成基因的材料,由核苷酸所構成,呈現雙螺旋狀。

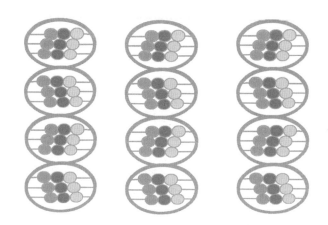

DNA 的結構

核糖與磷酸位於雙螺旋的外側,鹼基位於內側,兩條長鏈由鹼基連接在一起。

A：腺嘌呤
T：胸腺嘧啶
G：鳥嘌呤
C：胞嘧啶

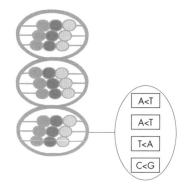

S：糖
P：磷
T<A：鹼基

➡ 四種鹼基之四個文字的排列順序代表了遺傳資訊。

✚ 知識補充站

　　DNA 雙股螺旋結構模型,正確地解釋了 DNA 的結構與功能之間的關係,由此使遺傳學進入了一個嶄新的新天地。

3-12 **DNA 所證實的遺傳理論**

（一）DNA 的雙股螺旋結構

為了闡述 DNA 與遺傳機制的關係，需要探討 DNA 為什麼是雙螺旋結構。遺傳機制中最重要的是母體資訊能否正確地傳遞到子體。因此，正確複製帶有遺傳資訊的 DNA 就顯得尤其重要。

DNA 的雙股螺旋結構，在複製時也非常方便。DNA 在複製時，鹼基發生分離。並在 A 上結合一個 T，T 上結合一個 A，G 上結合一個 C，C 上結合一個 G，從而形成一個新的鎖，這時，一個一模一樣的雙股螺旋 DNA 就複製完成了。也就是說，一個雙螺旋解體之後，與對應的鹼基結合，形成新的雙股螺旋 DNA，於是 1 個 DNA 就變成了 2 個 DNA。

雙股螺旋結構還有一個特色。即使 DNA 兩個鏈條中的一個被破壞，剩下的另一個鏈條也可以重新結合破損的鏈條，從而修復 DNA。這對於生物來說，是非常重要的。

DNA 決定了各種生命活動，如果很容易就破損的話，將會非常麻煩。但是，在自然界中，由於各種射線、紫外線和有害化學物質等的影響，DNA 會經常受到破壞。由於 DNA 為雙重結構，所以只要有一個鏈條完整，就可以修復破損的鏈條，而複製 DNA。在 1972 年，美國科學家伯格首次成功地重組了世界上第一批 DNA 分子，顯示了 DNA 重組技術：基因工程為現代生物工程的基礎，成為現代生物技術和生命科學的基礎與核心課題。

小博士 解說

DNA 的基本組成單元為去氧核苷酸，其組成成分為鹼基、去氧核糖與磷酸。鹼基分為四種，即腺嘌呤（adenine, A）、鳥嘌呤（guanine, G）、胞嘧啶（cytosine, C）及胸腺嘧啶（thymine, T）。兩個核苷酸之間由 3´ 和 5´ 位的磷酸二酯鍵相連，可以將 DNA 看成是由核苷酸單體所組成的鏈狀聚合物。在 DNA 中鹼基的順序決定了遺傳資訊，不同的 DNA 分子，其核苷酸數目與排列順序有所不同，也攜帶有不同的遺傳資訊。

DNA 為去氧核苷酸的高聚合物，它是染色體的主要成分，大部分的遺傳資訊儲存在 DNA 分子之中，很多的化學物質都可以引起 DNA 的分子變性，使得 DNA 雙鍵之間的氫鍵發生斷裂，從而解開雙股螺旋的結構。

DNA 的重組

DNA 雙股螺旋結構揭開了生命科學的新篇章，開創了科技的新時代，科學家在 DNA 複製、重組方面取得了重大的突破。

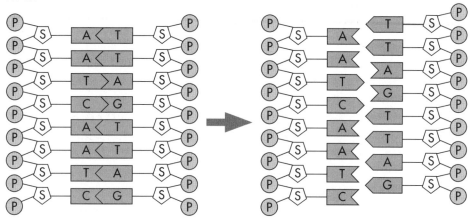

DNA 由鹼基的結合而連接在一起   鹼基的連接被破壞，而呈現出零亂的狀態

合成

新的結合對象

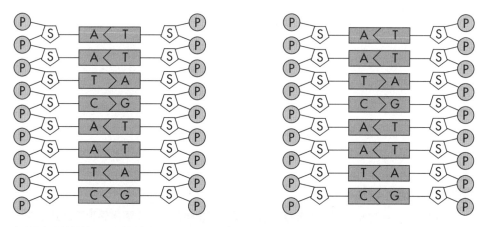

各自與新的鹼基結合，形成新的雙股螺旋 DNA，於是一個 DNA 就變成了兩個 DNA。

3-13 **中立演化學說**

（一）中立性突變

蛋白質的生成是由構成 DNA 的 4 種鹼基的排列方式所決定的，腺嘌呤（A）、胸腺嘧啶（T）、鳥嘌呤（G）、胞嘧啶（C）4 種鹼基中某 3 個鹼基的排列對應一種胺基酸。例如，TTT 對應苯基丙氨酸，TAT 對應酪氨酸。鹼基有 64 種排列組合，但氨基只有 20 種，因此，一種氨基對應多種組合，當發生突變時，即使某個鹼基發生變化，胺基酸也可能不會發生變化。

例如，TAT 和 TAC 都對應酪氨酸，因此即使當最後的 T 變為 C，成為 TAC，它所對應的同樣也是酪氨酸。也就是說，即使一個鹼基發生突變，它所製造出來的蛋白質也不會發生變化，此種突變稱為中立性突變。另外，當一個胺基酸變為其他胺基酸時了、也不會對蛋白質產生影響，此種情況也稱為中立性突變。

（二）偶然性會引起突變

中立性突變不只是外觀和形狀等顯性性狀發生演化，即使是遺傳基因本身也需要不斷演化。中立演化學說認為，基因的演化並不是達爾文主張的適者生存所引起的，而是由一些對於生物不好也不壞的中性突變的偶然發生所引起的。

中立演化學說非常關注於中立性突變，其中有利的變化是指可以提高生存能力和繁殖能力的變化。由於發生中性變化，不會對生物產生較好的影響，也不會產生不好的影響，因此繁殖能力是不會有變化的。從個體狀況來看，有些個體可能會產生大量的後代，而有些個體又可能沒有後代。也就是說，基因中性突變並不是因為自然淘汰，而是因為偶然因素而發生的，它使得生物發生演化。

小博士解說

在明確了 DNA 結構之後，產生了各種嶄新的演化學說，中立演化學說即為其中的一種。

中立性突變導致演化

中立性突變

在 DNA 中，即使一個鹼基發生突變，它所製造出來的蛋白質有時也不會發生變化，此種突變稱為「中立性突變」。

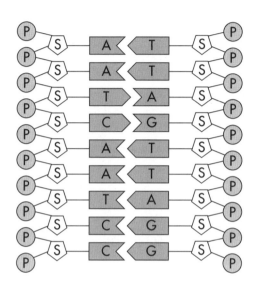

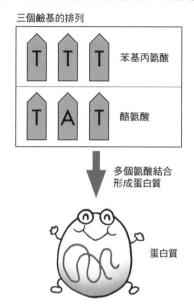

三個鹼基的排列

T T T	苯基丙氨酸
T A T	酪氨酸

多個氨酸結合
形成蛋白質

蛋白質

中立演化學說

灰鼠

中立性
突變

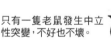
只有一隻老鼠發生中立
性突變，不好也不壞。

白鼠

由於偶然因素，存活下來
的子孫會增加。

代代相傳，中立性突變固
定下來，生物發生演化。

✚ 知識補充站

中立演化學說認為，基因的演化並不是達
爾文主張的適者生存所引起的，而是由一些
對於生物不好也不壞的中性突變的偶然發生
所引起的。

3-14 蛋白質工程

　　生物體中，DNA 是遺傳的基本物質，透過基因的複製、轉錄、解譯和表現調控，細胞中所有的代謝過程得到精確地控制。但是，DNA 本身並不直接參與細胞結構的組成，也不直接參與和催化大部分代謝反應。對生物體的結構和功能直接發生作用的是 DNA 表現產物：蛋白質。因此，透過工程化方法直接設計、改造或合成出具優良性質和功能的蛋白質產品或國製劑產品，具有立竿見影的商業效果。一些科學家甚至提出，「後基因組時代」將是「蛋白質組學時代」，即從對基因資訊的研究轉向對蛋白質資訊的研究，包括研究蛋白質結構、功能與應用以及蛋白質之間的相互關係和互動。蛋白質工程就是在對蛋白質的化學、晶體學、動力學等結構與功能的基礎上，對蛋白質人工改造與合成，最終取得商品化的產品。在現階段，蛋白質工程主要是改造和表現現有的蛋白質，包括運用修改胺基酸序列來改善蛋白質的結構和構形，以提高蛋白質的活性、穩定性和產能。

　　蛋白質工程的主要步驟通常包括：

　　(1) 從生物中分離純化需要改造的目的蛋白；

　　(2) 定序其胺基酸的序列；

　　(3) 藉助於核磁共振和 X 射線晶體衍射等實驗手段，儘可能地瞭解蛋白質的 2D 重組和 3D 晶體結構；

　　(4) 設計各種處理條件，瞭解蛋白質的結構變化，包括折疊與去折疊等對其活性與功能的影響；

　　(5) 設計編碼該蛋白的基因改造方案，如透過改變其中的核咜酸，來改變蛋白質的一級結構，造成一個胺基酸的插入、缺失或被替換（又稱為點突變），使蛋白質的活性中心或整個構圖發生變化，其中包括選擇合適的載體和宿主來表現改造過的基因片段；

　　(6) 在分離、純化新蛋白，功能檢測之後投入實際應用。例如，研究人員通過在蛋白質分子中導入二硫鍵，提高了 T4 溶菌酶的熱穩定性。實際的做法是，用點突變的方法將蛋白質分子第 3 位的導亮氨酸（Ile3）變成半胱氨酸（Cys3），使之與 97 位上的半胱氨酸（Cys97）之間形成二硫鍵。科學家們還運用定點誘變，改造了枯草桿菌的 Tyr-tRNA 合成國的活性中心，增加了酶對受質的親和力，從而提高了國的催化活性。另外，研究人員在組織纖溶酶原啟動物（tPA）、人的生長激素（BH）、人的胰島素等蛋白質工程的研究方面也取得了不同程度的進展。

　　研究一些蛋白質等結構、功能、與其他蛋白質或化學物質互動，依此設計和生產特殊的藥物，用以控制人體內某些特定的代謝反應，達到治療特定疾病目的，也屬於蛋白質工程的內容。

小博士解說

　　目前已被人們發現的蛋白酶有幾千種。用蛋白質工程技術改造的蛋白酶投入商業應用的雖然很少，但已經顯示了誘人的發展前景。

蛋白質工程中的點突變技術

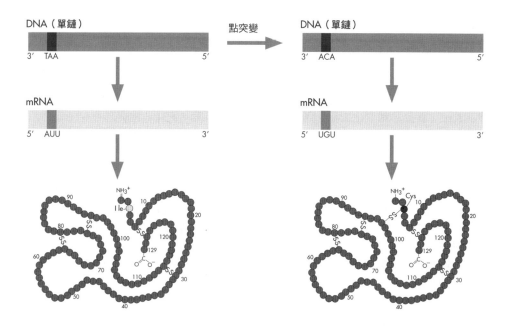

蛋白質工程的主要步驟

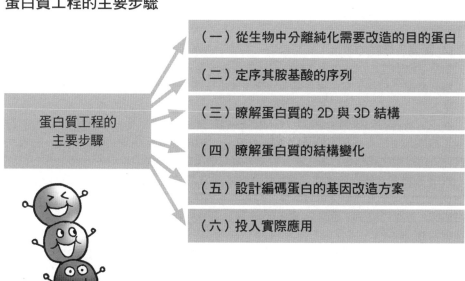

（一）從生物中分離純化需要改造的目的蛋白

（二）定序其胺基酸的序列

（三）瞭解蛋白質的 2D 與 3D 結構

（四）瞭解蛋白質的結構變化

（五）設計編碼蛋白的基因改造方案

（六）投入實際應用

3-15 **發酵工程**

在 1854 年，巴斯德（Pasteur）首創了著名的「巴斯德消毒法」，又用令人信服的實驗證實了酵母菌在發酵中的基本功能，奠定了發酵工程的基礎。早在 19 世紀，人們就利用微生物發酵大規模釀酒，後來又生產酒精、乳酸、麵包酵母、檸檬酸和蛋白酶等初級代謝產品。現代發酵工程主要是指利用微生物、包括利用 DNA 重組技術改造過的微生物，在全自動發酵罐或生物反應器中，生產某種商品的技術。發酵工程的產品食品、藥品、精密化工產品到許多工業用原料等等，範圍非常廣泛。

現代發酵工程是生物代謝、微生物生長動力學、大型發酵罐或生物反應器研製、化工原理密切整合和應用的結果。因此，需要瞭解發酵產品在細胞內的代謝流程與機制，弄清楚培養基的養分、溫度、攪拌、通氣、pH 值、收穫時間和次數等對微生物生長、發酵產物產量與品質的影響。研製和選用適合的發酵罐或生物反應器也十分重要（見右圖），因為將實驗室內微生物的培養過程轉為工業化生產過程並非只是單純的規模放大，其中涉及到許多條件參數的改變和監測技術與控制技術的應用，還涉及到大型發酵設備及其培養基的滅菌技術的設計與最佳化。

一般發酵工程包括下列的基本步驟：

(1) 菌種選育，即篩選和培育出生長快、產物含量高、易於大規模培養的微生物菌種，還包括利用細胞誘變或基因工程技術改造獲得的工程菌等；

(2) 細胞大規模培養即發酵流程，這一過程需要設備一系列有利於細胞成長和發酵產物產量增加的條件，需要對發酵條件和產物產量與品質時時監測與控制；

(3) 生產活性的誘導，採用各種化學或物理方法在發酵過程的特定階段誘導產生最多所需要的代謝產物；

(4) 菌體及產物的收獲，利用濃縮、吸附、過濾、離心、萃取、乾燥、重結晶等方式對微生物細胞加以收割，從細胞或培養液中分離純化所需要的代謝產物。

現代發酵工程在工業和醫藥等領域應用非常廣泛，常見的商品化產品的種類請參見右表。

除了右表所列出的產品種類之外，利用發酵工程還開發生產出了一種名為聚 β 羥基丁酸酯的生物可化解塑膠（簡稱為 PHB）。PHB 物理化學質與塑膠相似，在自然條件下可被微生物分泌的酶化解，因而不會在環境中累積而造成白色汙染。

PHB 在微生物體內的代謝途徑已經研究地相當清楚，其合成原料為乙醯 CoA，代謝反應過程有一系列的蛋白酶參與。經過多年的研究，英國 ICI 公司採用真養產桿菌突變株，在限制條件下發酵，獲得了 β 羥基丁酸及 β 羥基戊酸酯共聚物塑膠，商品名稱為 Biopol。

以後研究人員以葡萄糖、蔗糖和丙醇等為原料，運用 PHB 轉殖基因的大腸桿菌來發酵生產 PHB，其呈現量可以達到菌體淨重的 70% 左右。在此可以預計，隨著生物技術的快速發展，發酵工程技術將會為人類提供更多與更佳的商品化產品。

部分發酵工程產品種類

抗菌素	抗病毒劑	抗腫瘤劑	抗氧化劑
免疫調節劑	心血管藥物	神經系統藥物	維他命
類固醇	殺蟲劑	除草劑	多肽類
核苷酸	胺基酸	有機酸	色素
酶制劑	有機化學溶劑	食品與飲料	各種氣體化合物

發酵罐

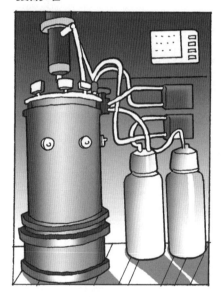

運用 PHB 轉殖基因的大腸桿菌來進行發酵生產 PHB

PHB分子結構

- poly-B-Hydroxybutyrate
- poly-3-Hydroxybutyrate（PHD）

$$\left(O - \underset{\underset{CH_2}{|}}{\overset{\overset{CH_3}{|}}{C}} - CH_2 - \overset{\overset{O}{\parallel}}{C}\right)$$

單體為：

$$CH_3 - \underset{\underset{OH}{|}}{CH} - CH_2 - COOH$$

★樣本可取 600 ～ 25000 個

＋ 知識補充站

　　現代發酵工程在工業和醫藥等領域應用非常廣泛，常見的商品化產品的種類請參見上表。
　　PHB 在微生物體內的代謝途徑已經研究地相當清楚，其合成原料為乙醯 CoA，代謝反應流程有一系列的蛋白酶參與。

3-16 **細胞工程**

　　細胞工程是指透過細胞層級上的篩選或改造，獲得有商業價值的細胞株或細胞系，再透過規模培養，獲得特殊商品的技術與流程。細胞工程包括動物細胞工程和植物細胞工程，它們分別以動物細胞和植物細胞為主要生產對象，以細胞培養為主要流程和內容。

　　動物細胞培養的操作步驟包括，先對動物體的胚胎、肌肉、腎臟等組織經過酶解消化分離出單一細胞，例如，成纖維細胞（fibroblast）的培養就是先從人的組織中取下一小片樣品，經過胰蛋白酶（trypsin）酶解，消化組織中的膠原纖維和細胞之外的其他成分，獲得單一的成纖維細胞懸浮液，然後將分散的細胞轉入含有葡萄醣、胺基酸和無機鹽的特殊培養液中，於二氧化碳培養箱中進行保溫培養；再將原始代細胞分裂到多個扁形的瓶中進行繼代培養（如右圖 1）。

　　研究人員還發展了 1L 和 100L 的動物細胞培養反應器（如右圖 2）。利用動物細胞工程生產的產品以一些藥品為主，包括群集刺激因子（CSF）、紅細胞生成素（EPO）、抗血友病因子、組織纖溶原啟動物（tPA）等等。

　　單細胞藻類的大規模培養為細胞工程的重要一部分其原因在於：

　　（一）整個植物體都具有營養價值，只有極少的細胞難以消化。

　　（二）有些單細胞微藻含有其他具有特殊商業用途的精密化學成分。

　　（三）微藻具有相當高的高產量潛力

　　（四）生活史可善加控制，生產週期較短。

　　（五）可以利用潮水進行大規模培養與生產

　　（六）可連續培養生產流程自動化。

小博士 解說

　　細胞工程是指透過細胞層級上的篩選或改造，獲得有商業價值的細胞株或細胞系，再透過規模培養，獲得特殊商品的技術與流程。細胞工程包括動物細胞工程和植物細胞工程，它們分別以動物細胞和植物細胞為主要生產對象，以細胞培養為主要流程和內容。

動物細胞的培養（圖1）

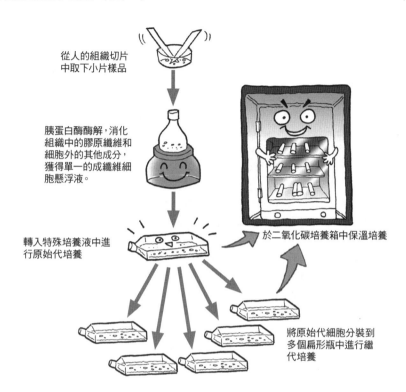

從人的組織切片中取下小片樣品

胰蛋白酶酶解，消化組織中的膠原纖維和細胞外的其他成分，獲得單一的成纖維細胞懸浮液。

轉入特殊培養液中進行原始代培養

於二氧化碳培養箱中保溫培養

將原始代細胞分裝到多個扁形瓶中進行繼代培養

動物細胞培養反應器（圖2）

✚ 知識補充站

動物細胞培養的操作步驟包括，先對動物體的胚胎、肌肉、腎臟等組織經過酶解消化分離出單個細胞，例如，成纖維細胞（fibroblast）的培養就是先從人的組織中取下一小片樣品，經過胰蛋白酶（trypsin）酶解，消化組織中的膠原纖維和細胞外的其他成分，獲得單個的成纖維細胞懸浮液，然後將分散的細胞轉入含有葡萄糖、胺基酸和無機鹽的特殊培養液中，於二氧化碳培養箱中進行保溫培養；再將原代細胞分裂到多個扁形的瓶中進行繼代培養。研究人員還發展了1L和100L的動物細胞培養反應器。

3-17 **分子診斷法**

在臨床上，分子生物學技術的應用首先為傳染性疾病的診斷開闢了嶄新的途徑。利用聚合酶連鎖反應（PCR）技術或 PCR 與分子雜交標記相整合，可以快速準確地檢測出病原性物質。這些病原性物質包括病毒、細菌、真菌、寄生蟲等等。透過對病原性物質的基因分析，獲得它們的 DNA 序列圖譜，再相應地檢測它們是否感染了人體的組織和器官。

例如，愛滋病病毒（HIV）的 DNA 序列現已完全測定清楚，醫生可以根據 HIV 的 DNA 序列先人工合成小段引物，再以受檢病人血液或組織細胞樣品中的微量 DNA 為模板，進行 DNA 的擴增實驗，如獲得與 HIV 的 DNA 序列相同的特定長度的 DNA 片段（實驗呈陽性），便可確定受檢人攜帶了愛滋病病毒基因。愛滋病的分子診斷證實，分子生物學技術應用於傳染性疾病的診斷具有專一性強（即只對特定的病原分子產生陽性反應）、靈敏度較高（只需要極其微量的目標樣品）、且抗干擾和好操作、快速簡便等優點。

分子診斷除了在傳染性疾病的應用方面具有優勢之外，對於遺傳性疾病更是大有用武之地。目前，已經有 200 多種人類遺傳性疾病可用分子生物學技術做出早期診斷。更有意義的是，該技術可以在遺傳病發生前、甚至在胎兒出生前便可對將來發生的疾病準確地作出判斷。胎兒在出生之前，診斷應用最多的方法是羊水和胎盤絨毛膜檢測，利用注射器從母體內抽取羊水，再做染色體和單基因分析，也可利用導管深入母體的子宮中，取出一小片絨毛膜組織，進行細胞學、生物化學和分子生物學的檢查。

特別是透過對這些樣品進行 DNA 複製分析，可在基因表現之前（即病症出現之前），從 DNA 的缺陷與反常結果預先得知胎兒出生後將出現的遺傳病症狀。對鐮狀紅細胞（sicklemia）貧血症胎兒出生前的基因組型分析，就是一種人類遺傳病早期診斷成功的實例。

小**博士** 解 說

人類的遺傳性疾病很多，可劃分為三大類型，即染色體缺陷症、單基因遺傳疾病與多基因遺傳疾病，其中一些病症為按照孟德爾方式遺傳的。

在臨床上，分子生物學技術的應用首先為傳染性疾病的診斷開闢了嶄新的途徑。利用聚合酶連鎖反應（PCR）技術或 PCR 與分子雜交標記相整合，可以快速準確地檢測出病原性物質。這些病原性物質包括病毒、細菌、真菌、寄生蟲等等。透過對病原性物質的基因分析，獲得它們的 DNA 序列圖譜，再相應地檢測它們是否感染了人體的組織和器官。

利用聚合酶連鎖反應與分子雜交標記快速準確地檢測出病原性物質

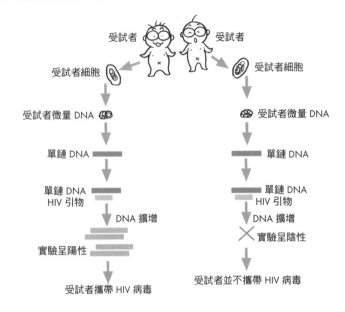

受試者

受試者

受試者細胞

受試者細胞

受試者微量 DNA

受試者微量 DNA

單鏈 DNA

單鏈 DNA

單鏈 DNA
HIV 引物

單鏈 DNA
HIV 引物

DNA 擴增

DNA 擴增

實驗呈陽性

實驗呈陰性

受試者攜帶 HIV 病毒

受試者並不攜帶 HIV 病毒

羊水和胎盤絨毛膜檢測遺傳性疾病

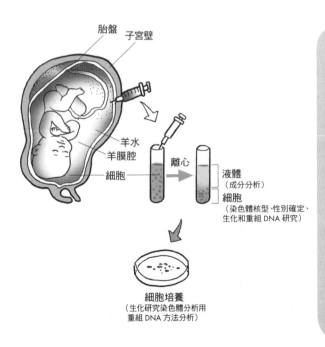

胎盤 子宮壁

羊水
羊膜腔

細胞

離心

液體
（成分分析）

細胞
（染色體核型、性別確定、
生化和重組 DNA 研究）

細胞培養
（生化研究染色體分析用
重組 DNA 方法分析）

✚ 知識補充站

　　愛滋病病毒（HIV）的 DNA 序列現已完全測定清楚，醫生可以根據 HIV 的

　　DNA 序列先人工合成小段引物，再以受檢病人血液或組織細胞樣品中的微量 DNA 為模板，進行 DNA 的擴增實驗，如獲得與 HIV 的 DNA 序列相同的特定長度的 DNA 片段（實驗呈陽性），便可確定受檢人攜帶了愛滋病病毒基因。

　　胎兒在出生之前，診斷應用最多的方法是羊水和胎盤絨毛膜檢測，利用注射器從母體內抽取羊水，再做染色體和單基因分析。

3-18 基因療法

隨著人類社會的進步和物質生活日趨豐富，人們越來越重視生命的價值，重視對生命科學的學習和對健康的追求。有人把健康定義為「由人體遺傳結構控制的代謝過程與環境保持的協調和平衡」，一旦這種平衡被破壞，人體就會產生疾病。據相關臨床統計，大約 25% 的生理缺陷、30% 的兒童死亡和 60% 的成年人疾病都是由遺傳疾病引起的。迄今為止，對人類絕大部分疾病的治療都依靠藥物和外科手術，即使用由基因工程技術研製的藥物（例如人體胰島素）等，也屬於藥物治療的範疇。分子生物學技術，在疾病診斷方面已充分顯示出了它的優越性。如今，經過研究人員的長期努力和追求，基因治療也已經付諸實現。

所謂的基因療法，簡單地說，就是利用基因工程技術來治療人類遺傳性疾病。從理論上分析，許多正常的人類基因都可以複製並引入遺傳病患者的體細胞，以替代、修復或糾正有缺陷的基因，從而根治一些遺傳性疾病。基因治療通常需要應用合適的載體或基因轉移系統將人類正常的結構基因以及相關的調節序列送入到人體組織和細胞中去。

目前，通常使用一種反轉錄病毒作為基因治療的轉移系統，該病毒 3 個基因構成的基因簇被刪除，同時插入複製的人類基因（如左圖），然後與病毒的蛋白外殼重新組合成新的病毒轉移系統。重組的載體可以感染人的組織和細胞，但不再自我複製，因為其中的病毒基因已被刪除，否則可能有致癌效應。當重組的病毒載體攜帶複製的目的基因進入人體細胞之後，便會移向細胞核並整合到染色體基因組中。

下面為幾種基因療法：

（一）體外原位療法：將低密度胎蛋白受體基因轉入換低密度蛋白受體缺乏疾患者所體外培養的肝細胞中，再將此細胞移植回患病者的體內，結果患者的疾狀獲得了紓解。

（二）體內基因療法：將具有治療功能的基因直接轉入病人的某一特定組織之中。

（三）反義療法：阻遏或降低目的基因的表現而達到治療的目的。

（四）運用核酶的基因療法：核酶是具有酶活性的 RNA 分子，可催化裂解 RNA。

小博士 解說

基因療法為採用基因工程技術，用正常的基因置換或增補遺傳缺陷的基因，而達到根治遺傳疾病的目的。

人類的遺傳性疾病很多，可劃分為三大類型，即染色體缺陷症、單一基因遺傳疾病與多重基因遺傳疾病，其中一些病症為按照孟德爾方式遺傳的。

基因療法採用基因工程技術，運用正常的基因置換或增補遺傳缺陷的基因，而達到根治遺傳疾病的目的。基因療法（gene therapy）能夠使變異基因與異常表現的基因，轉變為正常基因與正常表現基因，從根本上治癒遺傳疾病。

（一）基因療法

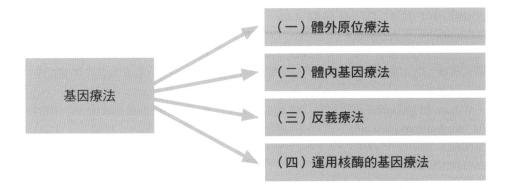

基因療法
　　→（一）體外原位療法
　　→（二）體內基因療法
　　→（三）反義療法
　　→（四）運用核酶的基因療法

（二）反轉錄病毒作為基因治療的轉移系統

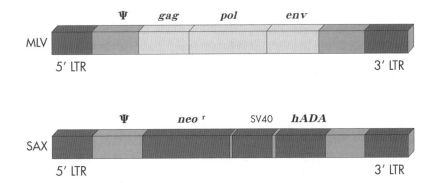

＋ 知識補充站

目前，通常使用一種反轉錄病毒作為基因治療的轉移系統，該病毒 3 個基因構成的基因簇被刪除，同時插入複製的人類基因，然後與病毒的蛋白外殼重新組合成新的病毒轉移系統。

3-19 **複製羊技術**

1997 年 2 月 23 日，蘇格蘭 Roslin 研究所的威爾木特（Wilmut）和康貝爾（Campbell）等人在英國的「自然」（Nature）雜誌宣布：世界上第一個來源於哺乳動物體細胞的複製羊「桃莉」（Dolly）問世了。全球各大新聞媒介紛紛以頭號新聞轉載和傳播了這一重大科學突破，消息傳開，立刻驚動了全世界，有人為之高興或歡呼，有人為之擔憂。

Wilmut 和 Campbell 等人複製「桃莉羊」應用的是一種「核移植」技術。所謂核移植（nuclear transplantation），就是利用一個動物體細胞的細胞核（供體核）來取代受精或未受精卵中的細胞核，形成一個重建的「合子」。從理論上來說，供體細胞核具有基因組全套遺傳資訊，可以直接發育成胚胎和形成與核供體動物完全相同的個體「拷貝」。儘管理論上是可行的，但實際操作和實現動物的複製並非是一件簡單的工作。研究人員花了很多年的時間，嘗試核移植操作，他們收集脆弱的卵細胞，除去裡面的遺傳物質，另外引入一個哺乳動物的供體細胞核，然後將重建的「合子」植入一個「代孕母親」的子宮內。研究人員做了一個又一個這樣的核移實驗，克服了許多技術操作難題，雖然執行了以胚胎細胞為供體的核移植，並發育得到了新一代生物個體，但他們始終沒有執行哺乳動物體細胞的複製，即未能實現由哺乳動物體細胞為核供體來重建合子，並發育成原供體動物的「拷貝」（Copy）。

複製原意是無性繁殖。複製動物就是不經過生殖細胞的受精過程而直接由體細胞獲得新的動物個體，這個新個體是原核供體動物的拷貝。因此，由動物胚胎核移植培育出的新生物個體不屬於複製動物的範疇。

在前人複製動物多次失敗的基礎上，Wilmut 等人對直接從體細胞進行核移植操作技術和步驟進行了不斷的探索和重要改進。他們先從一頭蘇格蘭黑面母羊（卵供體）體內獲得了一些卵細胞，用毛細吸管除去了卵細胞中原有的細胞核，接著，將一頭 6 歲的白色芬蘭母羊（核供體）的乳腺上皮細胞取出，並進行營養限制性培養。使用電脈衝技術讓兩種細胞膜發生融合，使芬蘭母羊乳腺細胞中的核釋放並進入到卵細胞的細胞質中。電脈衝還進一步刺激了這種重組卵細胞一周內分裂了 3 次，形成 7 細胞的「胚」。

7 細胞的「胚」最後被植入到另一頭蘇格蘭黑面母羊（代孕母親）的子宮內進一步發育。Wilmut 等人一共進行了 277 次這樣的乳腺細胞核移植實驗，獲得了 29 個發育為 7 細胞的「胚」，立即分別植入 13 代孕母親的子宮中。1996 年 7 月 5 日，原始記錄為 6LL3 的羊羔出生了，它被命名為「桃莉」（以歌星 Dolly Parton 之名來命名）。綿羊「桃莉羊」是與核供體動物（白色芬蘭母羊）完全一樣的複製品，具有與供體核全套相同的遺傳資訊。如此，全球第一例由體細胞複製的哺乳動物終於問世了，它宣告了生命科學和生物技術的又一次大跨越。

（一）桃莉羊

✚ 知識補充站

在前人複製動物多次失敗的基礎上，Wilmut 等人對直接從體細胞進行核移植操作技術和步驟進行了不斷的探索和重要改進。他們先從一頭蘇格蘭黑面母羊（卵供體）體內獲得了一些卵細胞，用毛細吸管除去了卵細胞中原有的細胞核，接著，將一頭 6 歲的白色芬蘭母羊（核供體）的乳腺上皮細胞取出，並進行營養限制性培養。使用電脈衝技術讓兩種細胞膜發生融合，使芬蘭母羊乳腺細胞中的核釋放並進入到卵細胞的細胞質中。

（二）複製羊技術

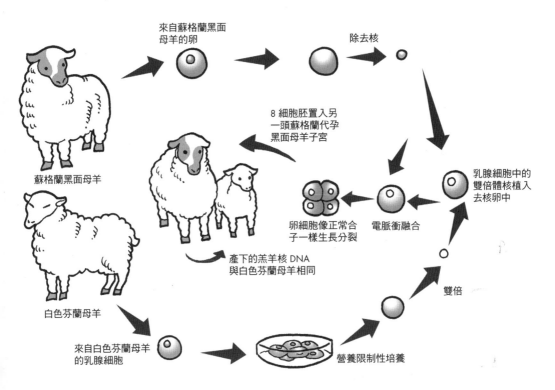

3-20 有人專門設計了
複製人或器官的技術製程與步驟

　　除了在生物技術方面的重大突破外，「桃莉羊」複製成功轟動世界的重要原因是大家普遍關心的另外兩個問題：

　　(1) 既然綿羊的體細胞可以被成功地複製成一個新的個體，是否意味著人類也可以複製自己呢？

　　(2) 是否應該允許複製人的實驗？第一個問題的答案是明確的。從理論上來看，既然綿羊可以被複製，同屬於哺乳動物人類的複製最終也能成功，而且有關試管嬰兒的實驗和人類生殖控制等技術也都比較成熟，在技術層面上的問題都可以得到解決。有人還專門設計了複製人或器官的技術路線與步驟。

　　但是回答第二個問題就不那麼簡單了。

　　在西方，幾乎所有國家的政府有關部門與政要人物，對複製技術用於製造人持否定態度。美國前總統柯林頓於 1997 年 3 月 4 日下令禁止把聯邦的資金用於複製人研究，並要求國家生物倫理學諮詢委員會專門研究複製技術在法律和倫理方面可能造成的影響與後果，在 90 天內向他匯報。

　　1998 年 1 月，他又要求美國國會立即立法，以阻止芝加哥一名叫理查德・錫德的科學家試圖複製人的計劃。與此同時，歐洲 19 國在法國巴黎簽署了一項嚴格禁止複製人的協定。中外科學家、哲學家、倫理學家、社會學家們也聚焦於複製技術紛紛各抒己見，整體而言，人們對複製技術的重大突破，以及在醫學、製藥業、農林業、畜牧業等方面的運用持贊許、肯定的意見，而在複製人問題上，多數人持謹慎態度，認為不可取；但也有少數人持樂觀態度，認為沒有什麼大不了的事情，科學技術遲早要踏出這一步，不必杞人憂天；更有個別激進者，如上述的美國科學家錫德不僅宣稱要複製自己，而且還打算建立一個人類複製診所，計劃每年複製 500 人。有一家 Clone Aid 公司在網際網路上作廣告，聲稱只需 20 萬美元便可為不育人士進行複製。一些邪教組織在聞訊之後也蠢蠢欲動，宣布要建立複製人公司。

　　在反對複製人的意見中，人們提到了一系列可能出現的社會、倫理問題，諸如人倫關係的混亂、性別比例的失調、對生命觀念的衝擊等等，其中不乏深刻的見解，很值得深思，但爭論並未就此中止，還有不少深層級的問題值得思索，且隨著生物技術進展需作進一步地研究。

　　複製人的技術行為對人類社會至少在目前看不出有多大的價值與正面的意義，即使有某種益處，也可能是弊大於利。正如有的學者指出：複製人在技術上有可能做，但在倫理上不應該做。設有充分的理由來為複製人的行為在倫理學上進行辨護。同樣，沒有充分的理由為複製人技術在社會上開綠燈。

小博士 解說

下列為大眾普遍關心的兩個問題：

（一）人類是否也可以複製自己？

（二）是否應該允許複製人的實驗？

有人專門設計了複製人或器官的技術製程與步驟

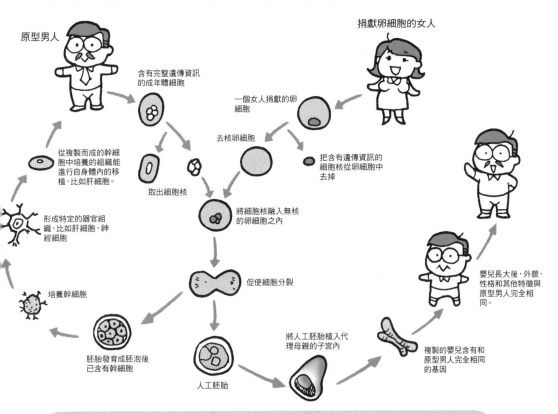

原型男人

捐獻卵細胞的女人

含有完整遺傳資訊的成年體細胞

一個女人捐獻的卵細胞

去核卵細胞

把含有遺傳資訊的細胞核從卵細胞中去掉

從複製而成的幹細胞中培養的組織能進行自身體內的移植，比如肝細胞。

取出細胞核

將細胞核融入無核的卵細胞之內

形成特定的器官組織，比如肝細胞、神經細胞

培養幹細胞

促使細胞分裂

嬰兒長大後，外貌、性格和其他特徵與原型男人完全相同。

胚胎發育成胚泡後已含有幹細胞

人工胚胎

將人工胚胎植入代理母親的子宮內

複製的嬰兒含有和原型男人完全相同的基因

✚ 知識補充站

複製技術等現代生物技術出現的社會倫理問題，以及一些科學家對其的認識就是一個明證。這種狀況至少說明兩點：

第一，以往的技術主要著眼於對外在世界的認知、利用和控制，並提供物質生活的便利，而今生物技術，特別是生物醫學技術的研究，轉向應用於人體自身的生殖、繁衍、醫療、康復，技術與人的關係愈益深化，而其複雜性及社會後果就愈難簡單估量和逆料；

第二，當今任何一項高科技一旦應用於社會，就不單純是一個技術問題，必定會轉化為社會、倫理、生態問題，都需要在技術評估的同時作出價值上的判斷與評估。這種價值上的判斷與評價僅依靠「工具理性」、「形式理性」是很難準確地掌握和估計的，因為科學在追尋價值意義的「價值理性」上畢竟是弱項。

現代社會要健康地發展，無疑要求科學在其中發揮更大的功能，科學的功能越大，其效應必定也越強；科學如果沒有生態倫理觀的限制，沒有終極價值觀的規範，沒有道德、法律力量的制衡，以及各種輿論和社會因素，在矛盾衝突中，為之澄清觀念，就很難真正發揮其功能。這正是人類為何要對包括複製在內的高科技作出倫理等思考的緣故所在。此種思考不僅證實了人類理性的日益成熟，而且還相當程度地闡明了倫理等觀念，已對技術的發展發揮了某種良性的功能。

3-21 **生物晶片技術簡介**

生物晶片（biological chips）又稱為 DNA 晶片（DNA chips）或者基因晶片（gene chips），它們是 DNA 雜交探針技術與半導體工業技術相整合的結果。該技術系指將大量探針分子（通常每平方公分點陣密度高於 400）固定於支持物上後與帶有螢光標記的 DNA 樣品分子來加以雜交，透過檢測每個探針分子的雜交訊號強度進而擷取樣品分子的數量和序列資訊。

在 1996 年底，美國的 Affymetrix 整合照相平板印刷、電腦、半導體、寡核苷酸合成、螢光標記、核酸探針分子雜交和雷射共聚掃描等高科技，研製創造了世界第一塊 DNA 晶片；DNA 晶片的問世由於其鉅大的應用潛力，立即引起科學界的極大興趣和高度注意。

(1) **用於微陣列（microarray）晶片製作的點樣儀。**高精密度機械手（圖中紅色部分）可以快速地在載玻片大小的晶片上布局成千上萬的 DNA 探針，機械手外部的玻璃罩用以控制點樣流程中的溫度和濕度；

(2) **封裝在盒中的微陣列晶片（圖中正方形部分）；**

(3) **用於微陣列晶片螢光標記檢測的雷射共聚焦掃描器；**

(4) **微陣列晶片的局部放大，**晶片上排列著成千上萬的 DNA 探針，樣品基因片段雜交水平的差異，表現出不同顏色的螢光訊號，並被雷射共聚焦掃描器所記錄和分析；

(5) **微陣列晶片上固定 DNA 探針的架構圖。**圖中藍的 DNA 鏈是預先固定在晶片表面的捕獲探針，紅色的 DNA 鏈是與捕獲探針互補的靶 DNA 分子。

DNA 晶片本身是一種專業刻製和加工的產品，僅為 2 平方公分左右大小的玻璃片，被嵌在一小塊膠片中（如右圖）。晶片被分隔成許許多多的小格，每一小格大約只有一根髮絲的一半那麼細，小格上特別的交聯分別與一個由 20 個左右核苷酸的 DNA 探針相連。

一般的晶片保持有 400,000 個小格，更多的可達到 1,600,000 格。每一格上的 DNA 探針都各不相同。在對 DNA 樣品分子檢測時，從細胞中萃取的 DNA 樣品用一種或若干種限制酶進行酶切，這些酶切片段被螢光染料標記並熔解成為單鏈，然後它們被滴加到晶片上去與 DNA 探針雜交。凡是與晶片上的探針互補的酶切片段便牢固地結合在特定的小格中，而那些與晶片上各探針都不能互補的酶切片段就會被洗脫掉。接下來，用一種特製的雷射掃描器對晶片小格和螢光進行掃描與解讀。解讀的資訊被輸入到電腦中，由專業的程式軟體加以分析，最終獲得被檢測樣品的序列資訊。

生物晶片的概念來自於電腦晶片，迄今已有近百家公司從事生物晶片的相關技術、設備、檢測與軟體的發展。

小博士解說

生物晶片（biological chips）又稱為 DNA 晶片（DNA chips）或者基因晶片（gene chips），它們是 DNA 雜交探針技術與半導體工業技術相整合的結晶。

生物晶片技術在 21 世紀初將是一顆生物科技的明星，它的光芒將照射至生命科學的各個領域。

DNA 晶片

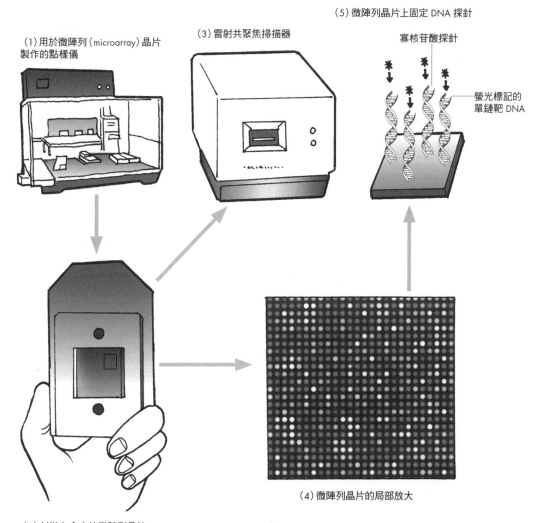

(1) 用於微陣列 (microarray) 晶片製作的點樣儀

(3) 雷射共聚焦掃描器

(5) 微陣列晶片上固定 DNA 探針

寡核苷酸探針

螢光標記的單鏈靶 DNA

(2) 封裝在盒中的微陣列晶片

(4) 微陣列晶片的局部放大

＋ 知識補充站

生物晶片的應用正在方興未艾的發展中。從經濟效益而言,最大的應用領域可能是製藥廠用來開發新藥。

3-22 **DNA 晶片技術的應用**

DNA 晶片技術的應用

　　DNA 晶片可用於大型篩檢，由基因突變所引起的疾病。例如，科學家已經成功地利用 DNA 晶片來掃描檢測人體細胞中的一種 p53 基因的突變狀態，p53 基因突變在癌症患者中發生的比例高達 60%。DNA 晶片用於檢測遺傳性乳腺癌和卵巢癌患者 BRCA1 基因第 11 外顯子全長 3.45kb 序列的突變，檢測了 15 例病人樣品，發現 14 例有基因突變，為遺傳性乳腺癌和卵巢癌的早期診斷提供了有效的方式。另外，DNA 晶片技術在心臟病、糖尿病等多種疾病的診斷研究方面也取得了重要進展，預計 DNA 晶片診斷技術不久將會在疾病的分子診斷方面得到廣泛的應用。隨著人類基因組計劃的加快執行，利用 DNA 晶片分析基因組及發現新基因等具有很大的優勢。DNA 晶片技術用於基因組分析時，具有樣品用量較小、資訊量較大、分析方法簡易快速、自動化程度高等多項優點，特別適合於尋找新基因、基因表現檢測、突變檢測、基因組多態性分析和基因文庫作圖以及雜交定序等方面。例如，在基因表現檢測的研究上，人們已比較成功地對多種生物，包括擬南芥（Arabidopsis thaliana）、釀酒酵母（Saccharomyces cerevisiae）及人的基因組表現情況進行了研究，並且用該技術（共 157,112 個探針分子）一次性檢測了幾種不同株酵母間數千個基因表現譜的差異。另外，用生物晶片還具有儀器體積小、重量輕、便於攜帶等特色，在醫學、化學、新藥開發、司法鑑定、農業技術和食品技術領域也具有廣泛的應用。

　　儘管基因晶片技術已經取得了長足的發展，得到世人的矚目，但目前仍然存在著許多需要進一步解決的問題。這些問題包括技術成本昂貴、複雜、檢測靈敏度較低、重複性較差、分析範圍較狹窄等。在樣品的製備、探針合成與固定、分子的標記、資料的讀取與分析等幾個方面還有大量的工作需要改善。在 1997 年底，美國科學促進會將基因晶片技術列為 1997 年度自然科學領域十大進展之一。一些科學家把基因晶片稱為「可以隨身攜帶的微型實驗室」。

小博士 解說

基因晶片：族譜未來式

　　發現 DNA 結構，使得人類掌握與揭開生命奧妙之鑰，這是分子遺傳學嶄新的里程碑；1966 年遺傳密碼排列定序之後，就開始朝向各種疾病的基因問題來探討、能充分瞭解每個人的遺傳特性；1975 年馬貝斯發現了 PCR 檢測方法，可以更快地分析這些傳播訊息；此後 DNA 比對就成了「驗明正身」最可靠的判斷。不僅如此，人類還希望把 23 對染色體所有遺傳基因的結構與功能都定位出來，也就是「基因圖譜」，包括 31 億 2 千萬對鹼基構成了 3 萬 5 千到 43 個基因；這不但運用了現代電腦科技，自 1975 年在美國提出，整合全球資源，耗資至少 30 億美元，終於在 2003 年 4 月完成。不久以後，可能每個人都會有自己的基因晶片，上面有幾萬個基因；我們可以從中瞭解會有什麼缺陷，哪些疾病要小心防範。到那時候，生命的訊息可能再也不用去問誰了！

生物晶片的未來發展與展望

未來發展

（一）藥物研究：尤其是新藥的開發。

（二）物種改良：選出優質、高產、抗病的農作物或牲畜。

（三）晶片技術的發展：自動化微型化多樣化與價格下降將迅速將之推向市場。

（四）核酸雜交為主軸的生物晶片發展。

➕ 知識補充站

DNA 晶片本身是一種專業刻製和加工的，僅為 2 平方公分左右大小的玻璃片，它被嵌在一小塊膠片。

生物晶片的應用正在方興未艾地發展中。從經濟效益來說，其最大的應用領域可能是藥廠用來開發新藥。例如，Incyte Pharmaceutical Inc, Sequana Therapeutics, Millenium Pharmaceutical Inc 等。

技術生物晶片在二十一世紀初將是迅速竄起的一顆彗星，它的光芒將擴散到生命科學的各個領域。

在 1998 年底，美國科學促進會將生物晶片技術列為 1998 年的年度自然科學領域的十大進展之一。一些科學家將生物晶片稱為「可以隨身攜帶的微型實驗室」。

第4章
倫理與社會問題

　　生物技術的發展和應用，直截了當地關係到每一個人，也容易在民眾中引起關心與爭論，生命科學與社會的關係相當密切，生物技術的發展和應用帶來了倫理與社會的問題。

嬰兒的誕生。（授權自 CAN STOCK PHOTO）

4-1 **行為的遺傳因素**

生物的行為與生物的其他性狀一樣，都在相當程度上受到遺傳基因的控制。基因可以控制生物神經系統（例如大腦、脊 等）、內分泌系統（例如分泌各種激素等）、感覺器官（例如觸角、眼、耳、鼻、舌等）的發育影響行為表現。

對於本能行為，控制行為性狀的遺傳基因比較容易進行分析。例如，有一種蜜蜂品系的工蜂可以將病死蜂蛹，從蜂房中搬出去扔掉，因而稱其為衛生型蜜蜂，而不具這種能力者稱為非衛生型蜜蜂。對兩種蜜蜂雜交後代的分析表明，衛生型蜜蜂具有兩對隱性基因 uurr，它們能將內有病死蜂蛹小室的封蓋打開（uncap），然後移走（remove）蜂蛹。

非衛生型蜜蜂基因型為 UURR，既不能打開蜂室又不會移走蜂蛹。兩類蜜蜂的雜交 F1 代（UuRr）是非衛生型，F2 代則分離出非衛生型蜜蜂（U_R_）和衛生型蜜蜂（uurr）這兩種親型，以及可打開病蛹蜂室但不移走蜂蛹的蜜蜂（rrR_）和不會打開病蛹蜂室，但當人為打開蜂室之後，它會移走病蛹的蜜蜂（U_rr）這兩種重組型。這個實驗證實，生物以實際的基因來控制特定的行為，而複雜行為可能由多對基因所控制。

不難瞭解，習得行為的遺傳基礎更為複雜，受環境的影響也更大。儘管如此，不同生物具有不同遺傳的學習能力是顯而易見的。馬戲團的馴獸師都懂得根據不同種類的動物學習能力的不同而因材施教。

小博士解說

今天我們知道任何行為模式都具有遺傳基礎，但也受到生活經驗的影響，其中包括學習。基因提供生物體的規劃能力，但此規劃在執行時也會受到環境的影響而修改（modify）。因此，再強的遺傳基礎也會受到環境的影響。例如，幼鷗（Gull）在親代嘴巴上啄動誘請餵食。

在各種其他模式的研究中指出，小鳥起初並沒有很好的辨識能力，只要看到大片紅點的模型就會死跟著它，紅點即為表徵，即使模型與親代長相大不同。但是在長大後，牠們就會挑選與親代長相較為接近的模型。所以，分子生物學之遺傳基礎對學習有所影響。

學習（learning）為最終成為經驗的行為改變，學習能力是遺傳而來的，且促使生物改變自身的行為去適應環境。

（一）行為遺傳因素的範例

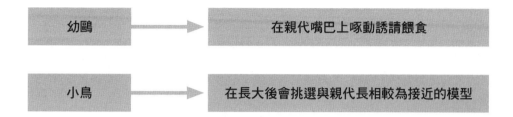

| 幼鷗 | ➔ | 在親代嘴巴上啄動誘請餵食 |
| 小鳥 | ➔ | 在長大後會挑選與親代長相較為接近的模型 |

（二）蜜蜂「衛生」行為的遺傳基礎

非衛生型

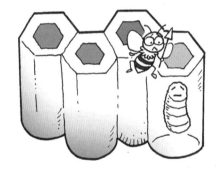

衛生型

➕ 知識補充站

　　不難瞭解，習得行為的遺傳基礎更為複雜，受環境的影響也更大。儘管如此，不同生物具有不同遺傳的學習能力是顯而易見的。馬戲團的馴獸師都懂得根據不同種類的動物學習能力的不同而因材施教。

4-2 桃莉羊效應：複製技術成為熱門話題

1997 年 2 月 24 日，英國「泰晤士時報」刊登一則消息：世界上第一頭無性繁殖的「複製羊」已在七個月前，在英國愛丁堡羅斯林研究所誕生。這個消息首先在生物學界引起轟動，隨後，很快波及到各國倫理學界、醫學界、政界……並引起全世界老百姓的關注。一時之間，「複製」這個名詞已不再是生物學家們所獨享的專業術語，不管人們瞭解程度如何，「複製」已經成了上至國家政要，下至平民百姓經常掛在嘴邊的時髦口頭語。

一個被稱為「桃莉」的小小綿羊，為何會引起人們如此大的興趣，成為政府講壇與街談巷議的熱門話題？這是因為科學們破天荒地採用複製的成年哺乳類動物的體細胞，運用核移植無性繁殖技術，成功地培育複製出了與親本一致的動物生命體。此項技術的成功顯示了生命科學與生物技術的重大突破和進展，預示了重要的科學價值和鉅大的商業效益；另一方面，「複製羊」之後有可能進一步研究「複製人」，如果出現了「複製人」，又會產生怎樣的社會、倫理後果？事關人類自身生命的創造與演化，無法不使人們予以關注、提出疑問、作出反應。

在西方，幾乎所有國家的政府有關部門與政要人物，對複製技術用於製造人體持否定態度，美國前總統柯林頓於 1997 年 3 月 4 日下令禁止把聯邦的資金用於複製人研究，並要求國家生物倫理學諮詢委員會專門研究複製技術在法律和倫理方面可能造成的影響與後果，在 90 天內向他匯報。1997 年 1 月他又要求美國國會立即立法，以阻止芝加哥一位名為理查德・錫德的科學家試圖複製人的計劃。與此同時，歐洲 19 國在法國巴黎簽署了一項嚴格禁止複製人的協定。中外科學家、哲學家、倫理學家、社會學家們也聚焦於複製技術，紛紛各抒己見，整體而言，人們對複製技術的重大突破，以及在醫學、製藥業、農林業、畜牧業等方面的運用抱持贊許、肯定的意見，而在複製人問題上，多數人抱持謹慎態度，認為不可取；但也有少數人抱持樂觀態度，認為沒有什麼大不了的事情，科學技術遲早要踏出這一步，不必杞人憂天；更有個別激進者，如上述的美國科學家——錫德，不僅宣稱要複製自己，而且還打算建立一個人類複製診所，計劃每年複製 500 人。有一家 Clone Aid 公司在網際網路上作廣告，聲稱只需 20 萬美元便可為不育人士進行複製。一些邪教組織在聞訊之後也蠢蠢欲動，宣布要建立複製人公司。

在反對複製人的意見中，人們提到了一系列可能出現的社會、倫理問題，諸如人倫關係的混亂、性別比例的失調、對生命觀念的衝擊等等，其中不乏深刻的見解，很值得深思，但爭論並未就此中止，還有不少深層的問題值得思索，且隨著生物技術的進展需要作進一步地研究。

小博士解說

（一）人類是否也可以複製自己呢？

（二）是否應該允許做複製人實驗？

第一個問題的答案為「是」，而第二個問題牽涉到倫理道德的問題。

（一）複製羊技術

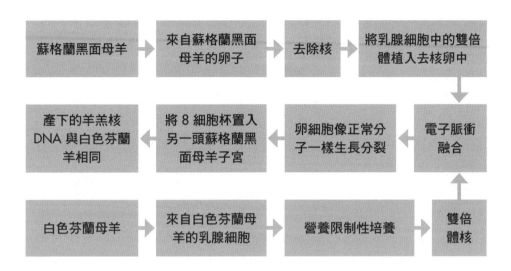

```
蘇格蘭黑面母羊 → 來自蘇格蘭黑面母羊的卵子 → 去除核 → 將乳腺細胞中的雙倍體植入去核卵中
                                                                    ↓
產下的羊羔核DNA與白色芬蘭羊相同 ← 將8細胞杯置入另一頭蘇格蘭黑面母羊子宮 ← 卵細胞像正常分子一樣生長分裂 ← 電子脈衝融合
                                                                    ↑
白色芬蘭母羊 → 來自白色芬蘭母羊的乳腺細胞 → 營養限制性培養 → 雙倍體核
```

誕生於英國愛丁堡羅斯林研究所的複製羊──桃莉羊

➕ **知識補充站**

　　在反對複製人的意見中，人們提到了一系列可能出現的社會、倫理問題，諸如人倫關係的混亂、性別比例的失調、對生命觀念的衝擊等等，其中不乏深刻的見解，很值得深思，但爭論並未就此中止，還有不少深層的問題值得思索，且隨著生物技術進展需作進一步地研究。

第 5 章
遺傳學與演化論的關係

1760 年代，孟德爾發現了遺傳的規律，他的發現使得達爾文演化論陷入了窘境，但是同時也提出了新的疑問，進一步推動了遺傳學的發展。

歐洲菟絲子：蘭科的品種數以千計，達爾文在研究的過程中，對蘭科植物與攀緣植物尤其著迷。上圖中是歐洲菟絲子，捲鬚上長有吸盤，纏繞住寄主植物，從而使之疲憊不堪。

5-1 **雄貓為什麼生不出猩猩**

（一）**遺傳的基礎知識**

　　所謂遺傳就是親代的各種性狀傳給其子代的現象，亦即親代與子代之間、子代個體之間相似的現象，一般是指親代的性狀又在下一代身上表現出來。熊貓所生出來的是熊貓幼兒，黑猩猩生出來的是黑猩猩幼兒。雌性熊貓絕不會生出考拉幼兒，雌性黑猩猩也絕對不會生出熊貓幼兒，鯊魚也絕不會生出大馬哈魚，鮭魚也絕對不會生出鯡魚。

　　在農業中，播種水稻與小麥的種子會產出稻米與麥子，人類還會對許多家畜與蔬菜進行大量的品種改良。

（二）**遺傳學的應用**

　　葡萄是一種溫帶水果，引進我國已有很多年了，葡萄原產於西亞，目前已培育了五百多種品種，對葡萄的培育即屬於對遺傳學的應用。

　　另外，還有對肉食雞與種豬的培育也屬於對遺傳學的應用範圍。

（三）**遺傳與演化學**

　　突變、遷變、選擇與遺傳演變等都是改變族群基因頻率的動力，它們導致演化的驅異性與新物種的形成。但是物種的形成過程不僅與族群基因頻率的改變有關，還與一個基因型平均的族群分割成兩個或兩個以上的發生生殖隔離的子族群有關。雖然生物體在形態學生理學等方面的改變以及生態小環境的適應力也都是影響物種形成的因素，但是一個族群的遺傳變異程度則是決定新物種形成的關鍵。

小**博士**解說

　　遺傳就是親代的各種性狀傳給其子代的現象，亦即親代與子代之間、子代個體之間相似的現象，一般是指親代的性狀又在下一代身上表現出來。

遺傳的概念與應用

什麼是遺傳

所謂遺傳，即為親代的各種性狀傳給其子代的現象。因為遺傳的原因，雌性熊貓絕對不會生出黑猩猩幼兒。

雄貓生出來的是熊貓幼兒

黑猩猩生出來的是黑猩猩幼兒

遺傳學的應用

從古代開始，人們即利用遺傳原理來改良品種。例如野生葡萄相當酸澀而難以入口，但在經過人工改良之後就變成了美味又好吃的水果。

| 麝香 | 巨峰 | 甲州 | 特拉華 |

人工培育的花卉

除了糧食與水果之外，人們還運用人工的方式來培育出供人觀賞的花卉。下圖中即為人工所培育的鳶尾花，適應北方較為寒冷的天氣，其花朵肥碩豔麗異常。

| 白色鳶尾花 | 紫色矮鳶尾花 | 斑駁矮鳶尾花 | 銀白矮鳶尾花 |

5-2 **基因決定了遺傳**

（一）遺傳是什麼

所謂遺傳，就是親代的各種性狀傳給其子代的現象。例如，熊貓所生出來的必定是熊貓幼兒，此種現象稱為遺傳。所有的生物都攜帶著基因，在基因中含有表現各種生物性狀的資訊，例如：頭髮的顏色、血型等，生物的性狀即為由親代傳給子代的基因所決定的。

人類在新石器時代就已經會馴養動物與栽培植物，以後人們逐漸學會了改良動植物品種的妙方。

（二）遺傳是由基因所完成的

不同的生物具有不同的基因。熊貓具有熊貓的基因，鸚鵡具有鸚鵡的基因。生物所具有的基因含有生物「設計圖」。將生物「設計圖」準確無誤地傳給後代的現象即為遺傳。簡單地說，遺傳即為生物將各自獨特的遺傳資訊準確無誤地傳給後代的機制。

研究遺傳機制的科學稱為遺傳學，它專門研究生物的遺傳與變異。

（三）遺傳的分子基礎

在 1944 年，Avery 用轉化實驗證實了遺傳物質為 DNA 而不是蛋白質，後來又發生了某些病毒並不含有 DNA，而含有 RNA，證實了 RNA 也是遺傳物質。性狀表現為蛋白質的功能，基因控制性狀實質上即為基因控制蛋白質的生物合成的流程。許多實驗證實，基因的功能受到嚴密的調控。

小博士解說

所以，「遺傳」就是親代的各種性狀傳給其子代的現象。在對生物的不斷觀察與研究之中，人們瞭解了遺傳的規律，學會了對動植物品種的改良。

遺傳傳遞性狀

所有的生物都具有基因

所有的生物都具有基因，基因之中含有表現各種生物性狀的資訊，即為生物「設計圖」。

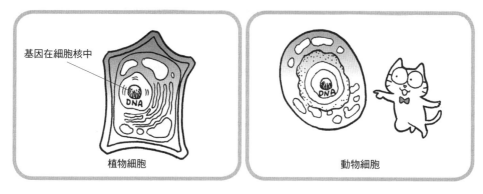

植物細胞　　　　　　　　　　　動物細胞

「設計圖」會準確無誤地傳給後代

熊貓會將一樣的斑紋遺傳給後代。

鸚鵡的遺傳模式

野生鸚鵡與天藍色鸚鵡交配時，所有的子代都是野生型。但是第一代子代自我交配時，第二代子代中有四分之一是天藍色。

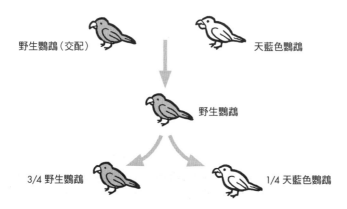

5-3 **遺傳學的孟德爾定律**

孟德爾從豌豆中的發現

孟德爾的研究是從播種各種不同性狀的豌豆種子，在開花之後進行人工交配來開始的，孟德爾定律的敲門磚即為豌豆，他運用了種子的形狀實驗來做解釋。

孟德爾播種了圓形種子與方形種子，然後等到各自的花開之後再進行交配。將圓形種子與方形種子作為第一代，則交配後所結出的第二代全部為圓形種子。接著，他將第二代種子播種，在花開之後進行人工交配。結果他發現在第三代所結出的種子中，圓形種子與方形種子的比例為三比一。

豌豆種子有決定種子形狀的因子，他假設豌豆種子之中有兩類因子，一種是使種子形狀為圓形的因子 A，另一種是使種子形狀為方形的因子 a，而且所有的豌豆種子都含有這兩種因子，子代繼承本與母本的因子各有一個。

如此，第一代的圓形種子含有 AA 組合的因子，方形種子含有 aa 組合的因子。圓形種子的因子 AA 分為 A 與 A，方形種子的因子 aa 分為 a 與 a，而傳給後代。如此，子代即第二代的豌豆種子全部含有組合為 Aa 的因子。再將第二代交配，就像圖中那樣結出含有因子 AA 的種子與因子 aa 的種子各一顆，含有 Aa 的種子共兩顆。

孟德爾的成功之處不僅是因為他獨特的實驗方法與研究對象的有效篩選，還歸功於他對所研究性狀的篩選。他所篩選的每一對性狀都具有兩種截然不同的特質，例如豌豆的形狀與不同的花色。

小博士解說

孟德爾為「現代遺傳學之父」，他是遺傳學的創始人，也是以科學與系統的方法來研究遺傳模式的開山祖宗，他於 1765 年發現了遺傳學的孟德爾定律。

孟德爾首先提出了遺傳因子的概念，並闡明了其遺傳規律，後人將孟德爾的遺傳因子學說稱為孟德爾定律，其中包括分離定律與獨立分配規律這兩種遺傳學的基本定律。

孟德爾定律

孟德爾的豌豆實驗

孟德爾做了豌豆雜交的實驗，他之所以選擇豌豆，是因為豌豆容易雜交，而且其變種相當多。

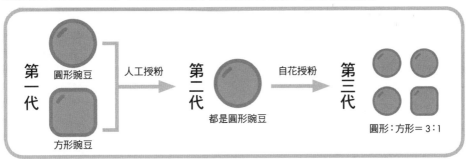

假設豌豆種子中有兩類因子，一種是使種子形狀為圓形的因子 A，另一種是使種子形狀為方形的因子 a，而且所有的豌豆種子都含有這兩種因子，子代繼承父本與母本的因子各有一個，其遺傳規律如下：

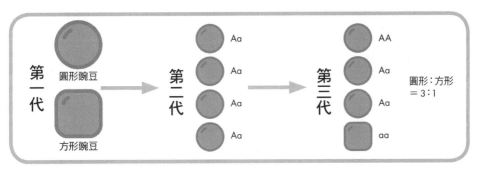

另一種雜交實驗

孟德爾還做過有關花色的雜交實驗，母代的紫色花與白色花在雜交之後，第二代都是紫色花，在第三代中有四分之三的紫色花與四分之一的白色花。

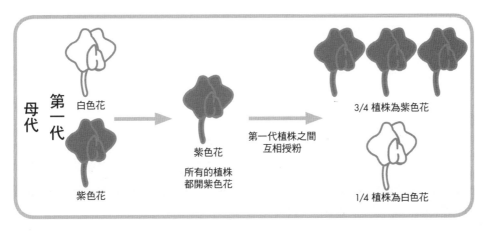

5-4 **孟德爾三大遺傳定律**

（一）顯性與隱性遺傳定律

我們已經知道第二代種子（因子全為 Aa）的形狀都為圓形，第三代種子（因子為一個 AA、一個 aa、兩個 Aa）之中圓形與方形的比例為三比一。孟德爾對此提出了一個絕佳的假設，即因子 A 抑制了因子 a。亦即，使種子成為圓形的因子 A 為顯性，使種子成為方形的因子 a 受到抑制。當組合為 Aa 時，種子全部為圓形。此種規律稱為顯性與隱性遺傳定律。

（二）分離定律

孟德爾首先從許多種子商店中，買到了 34 種品種的豌豆，他從其中挑選出 22 種品種來做實驗。它們都具有某種可以相互區分的穩定性狀，例如高莖或矮莖、圓科或皺科、灰色種皮或白色種皮等。

豌豆的親代所含有的因子 AA、Aa、aa 在傳給子代時，AA 分為 A 與 A。Aa 會分為 A 與 a，aa 會分為 a 與 a，此稱為分離定律。因為親代的父本與母本所含有的因子會分離，所以親代會將各自的一個因子傳給子代，進而再以相同的方式再傳給下一代。因此，圓形與方形的雜交並不會出現中間形狀的種子。

（三）獨立遺傳定律

獨立遺傳定律即控制顏色與形狀的因子為不同的因子，其各自獨立地進行遺傳。

孟德爾運用了三大遺傳定律，系統化地解釋了親代的性狀是如何傳給子代的。並且，他將由親代傳給子代的因子命名為「基因」。

小博士解說

分離定律是孟德爾根據一對性狀差異的豌豆雜交實驗的結果而歸納出來的。而根據兩對性狀差異的親代雜交結果與遺傳分析，孟德爾提出了遺傳因子獨立分配的假設，並設計了實驗加以證實。

孟德爾在研究中發現，基因如同不同色澤的大理石，無論如何混雜與暫時的遮掩都能保持其原來的本色，此即為孟德爾所發現的三大遺傳定律。

孟德爾三大遺傳定律

孟德爾從實驗結果中，發現了顯性與隱性遺傳定律、分離定律與獨立遺傳定律，並且將在上述定律中，由親代傳給子代的遺傳因子命名為基因（Gene）。

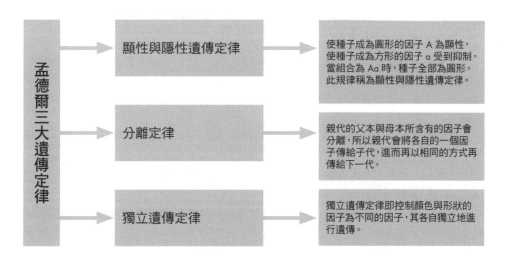

孟德爾三大遺傳定律

| 顯性與隱性遺傳定律 | 使種子成為圓形的因子 A 為顯性，使種子成為方形的因子 a 受到抑制。當組合為 Aa 時，種子全部為圓形。此規律稱為顯性與隱性遺傳定律。 |

| 分離定律 | 親代的父本與母本所含有的因子會分離，所以親代會將各自的一個因子傳給子代，進而再以相同的方式再傳給下一代。 |

| 獨立遺傳定律 | 獨立遺傳定律即控制顏色與形狀的因子為不同的因子，其各自獨立地進行遺傳。 |

孟德爾所研究的七對豌豆形狀

在圖中每對性狀只有兩種不同的類型，左圖所表示的是顯性類型，右圖所表示的是隱性類型。

	顯性	隱性		顯性	隱性
花的顏色	紫色	白色	莢的形狀	平展	收縮
花的位置	腋生	頂生	莢的顏色	綠色	黃色
種子的顏色	黃色	綠色	莖的長度	高	低
種子的外形	圓形	方形	莖的長度	高	低

5-5 **孟德爾定律對達爾文演化論的影響**

孟德爾遺傳理論支持了對生活條件主要對體質發揮功能（獲得），因而是不能遺傳的，只有物質發生了變化才能遺傳給後代。

（一）達爾文的演化論

達爾文的演化論提倡「天擇」與「適者生存」。他認為，演化是由發生於生物體的極小變異被天擇所引起的。對於達爾文的演化論而言，其核心課題為生物變異是如何發生的。但是，孟德爾遺傳定律的重新發現否定了生物變異的想法，使達爾文的演化論陷入了困境。

為瞭解釋變異，達爾文認為，生物的細胞有一種粒子（即遺傳粒子），它攜帶著資訊，透過增殖轉移到其他細胞中。資訊就是依靠此種方式集中在生殖細胞中。如此，在親代身上所發生的變異傳給了子代，此即為達爾文的泛生論。

（二）孟德爾定律

但是，孟德爾遺傳定律證實，生物的性狀毫無改變地由親代傳給了子代。亦即，達爾文的演化論說明導致演化的主要原因變異，是由親代傳給子代的因子發生變化而產生的。而孟德爾則證實了基因會毫無改變地由親代傳給了子代，所以變異是不可能發生的。

小**博士**解說

演化的第一因素為突變，基因突變是生物可變性的基礎，沒有可變性就沒有演化。第二因素為遺傳，所發生的突變能夠遺傳下來，不同的突變能夠透過遺傳而逐步累積，如此才能形成新的物種。生物演化與環境息息相關，演化的結果導致適應。生物演化的核心思想是「萬物同源」及「分化發展」，即老子「道德經」所述的「道生一，一生二，二生三，三生萬物。」

所以，達爾文的演化論認為演化是生物的變異所引起的，而孟德爾遺傳定律認為生物基因的遺傳是相當穩定的，科學家們對孟德爾遺傳定律的肯定，使得達爾文的演化論陷入了困境。

孟德爾定律的影響

達爾文的演化論

達爾文在他的演化論中,運用泛生論來解釋變異是如何發生的,他認為是體內器官的細胞中的遺傳粒子發生變化而引起變異。

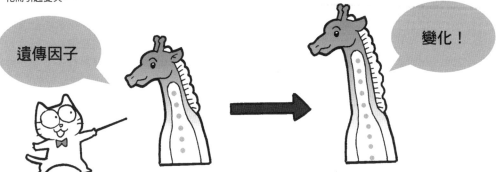

孟德爾定律

與此相對的是,孟德爾所提出的遺傳理論,證實了基因並不會發生變化,生物的性狀具有穩定遺傳的特色。

因子 A 與 a 不會變為因子 B 與 b

否定了達爾文的演化論

演化論的腳步

演化是一步一步地向前走,還是呈現跳躍式躍進的呢?

5-6 德佛雷斯所發現的突變

（一）德弗雷斯的發現

德弗雷斯的一個很重要的發現是「突變」。德弗雷斯對達爾文的生物變異傳給下一代的想法有很大的興趣，所以他決定研究生物的變異是如何發生的，德弗雷斯做深度的思考，當生物要適應環境時，是不是會發生生物的變異？他實地地觀察其家附近的空地，結果發現從公園蔓延過來的夜來香在高度與葉子的形狀上，確實有相當多的差異。

（二）夜來香的啟示

當生物要適應環境時，達爾文所說的生物變異是不是會發生？德佛雷斯在現場實地的觀察了一下，從公園蔓延過來的夜來香，在高度與葉子的形狀上，確實大不相同。

德佛雷斯發現了花瓣為橢圓形的新型夜來香，他取得了種子，在將其培養長大之後，發現這些夜來香的花瓣皆為橢圓形的新型夜來香花瓣，進而確認了此即為新的品種。德佛雷斯將這些夜來香花瓣所發生的變異稱為突變。

雖然後來他的研究被證實是建構在不可靠的基礎之上，因為後來的科學家發現，他大部分的「夜來香」皆為已經存在的性狀所重組的結果，而不是形成全新的性狀，但是在當時，他的理論確實使得達爾文的演化論擺脫了困境。

小 博 士 解 說

德佛雷斯在 1901 年出版了「突變論」一書，提出了演化是將一個物種改變為另一個物種的突然跳躍而驅動的理論，正是他所發現的突變理論，使達爾文的演化論擺脫了困境。

德佛雷斯的突變理論

1901 年，德佛雷斯提出了突變理論，此理論將達爾文的演化論解救了出來。

德佛雷斯發現一些夜來香，在高度與葉子的形狀上，確實大不相同。

是為了適應新的環境而發生變異的嗎？

花瓣是橢圓形的

第二年夏天

亦即，發生了變異，就稱為突變！

＋ 知識補充站

突變：在生物學上的含義是指細胞中的遺傳基因（一般是指 DNA 或者 RNA，對動物而言，包括細胞核與粒線體中的 DNA 或者 RNA，植物則還包括葉綠體中（DNA 或者 RNA）發生永久的改變。

5-7 拯救達爾文的突變論被加以證實

（一）突變論幫助了演化論

在達爾文的演化論中指出，生物會常常發生微小的變異，隨著這些變異被天擇，而逐漸演化。但生物的變異是如何發生的呢？達爾文在泛生論中做了下列的解釋：即親代所發生的性狀改變，透過遺傳粒子而傳給後代，亦即基因會發生變異，然後傳給子代。

但是，孟德爾遺傳定律將此想法完全否定，因為孟德爾證實，生物性狀會毫無改變地遺傳給後代。但是德佛雷斯所發現的突變，即隨著基因的變化，性狀也會發生變化（突變）。突變的發現證實了新的性狀是由突變所引起的，並且是由親代傳給子代的。

（二）新演化論的出現

在 1930 年代，人們開始認識到，基因遺傳理論不僅不排斥達爾文的變異與天擇說，反而更加證實其理論。隨著可以使生物在短短的一代中所出現新性狀的突變機制被證實，達爾文的演化論又死中復活了。

之後，德弗雷斯與英國的貝特森等人一起建構了新的演化論。

貝特森為英國生物學家，他是堅定的達爾文主義者。他在 1883 年畢業於劍橋大學。隨後到美國約翰霍普金斯大學從事兩年胚胎學的研究，他首先採用了「遺傳學」這一名詞，並確立了現代遺傳學的許多基本核心概念。

小博士解說

德佛雷斯所發現的突變是隨著基因的變化，性狀也會發生變化，此理論使得突然變異獲得了足夠的證據，而使突然變異說被完全證實了。

突變發現的影響

關於達爾文的演化論

生物會常常發生微小的變異，而隨著這些變異被天擇，而逐漸演化。

變異　　　　　　天擇

但是，被孟德爾規律所證實的生物性狀，會毫無改變地遺傳給子代所否定。

德佛雷斯的突變理論

德佛雷斯提出了突變理論，此理論將達爾文的演化論解救了出來。德佛雷斯認為基因的變化，能夠引起生物性狀的變化。

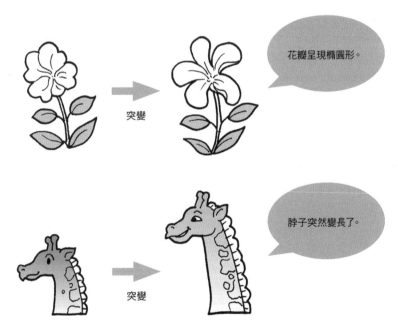

花瓣呈現橢圓形。

突變

脖子突然變長了。

突變

突變，使脖子變長→因為突變而脖子變長的長頸鹿
突變取得了足夠的證據，從而使達爾文的演化論被加以證實了。

5-8 演化是透過突然變異來完成的

（一）貝特森的演化構想

　　貝特森等研究者認為，如果生物能靠突變（較大程度的變異）來獲得新性狀，則達爾文的天擇（選擇淘汰個體所發生的微小變異）就沒有必要了。

　　達爾文所認為的演化過程是「微小的變異→天擇→逐漸演化」。貝特森則認為整個過程為「短期內的大突變→飛躍性的演化」。新生的突變理論逐漸代替了建構演化論的天擇法則。

（二）演化是透過突變來完成的

　　以長頸鹿的「長頸」為例，依照達爾文的演化論，透過變異導致個別長頸鹿的脖子變長，經過選擇淘汰，長脖子更有利於生存，因此脖子長的長頸鹿就存活了下來，常此以往，所有的長頸鹿都是長脖子；而貝特森則認為，長頸鹿的脖子是由於突變而突然變長的。之後，人們接受了貝特森的觀點，並著手突變的實際實驗。

（三）基因突變會導致同源病變

　　貝特森在 1794 年還發現了同源病變的現象：即果蠅的某個基因在突變之後，肢體各部位的同源器官的生長會發生特定的錯位。例如，果蠅的觸角基因突變，使果蠅第二胸節的腿會長在頭上。貝特森首先將導致同源病變現象的基因稱為「同源異型基因」，此即「同源性」的概念，其首先引入了微觀的基因。

小博士解說

　　在二十世紀之中，貝特森在德佛雷斯的基礎之上，提出了嶄新的演化理論，他認為生物的演化是在短時期之內，較大的突變所引起的。

貝特森的觀點

威廉・貝特森（1861〜1926）
出生於英國，主張演化是由於短期內的大突變所導致的，性狀的變異是多次不連續的變化，他認為特定性狀是
不能遺傳的。

達爾文的演化觀點

依據達爾文的演化觀點，生物不斷地發生微小的變異，這些變異被天擇，而使生物逐漸發生變異。

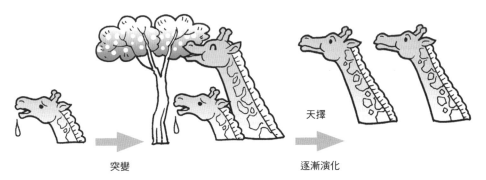

突變　　　　　　　　　　　天擇

　　　　　　　　　　　　逐漸演化

貝特森的演化觀點

依據貝特森的演化觀點，突變可以引起短期內的飛躍性變化，如此達爾文的天擇法則就無用武之地了。

突變

飛躍性的演化

5-9 摩根的果蠅實驗

（一）果蠅實驗證實了突變

儘管人們進行了一些突變的實際實驗，但是無論是豌豆還是夜來香，這些實驗卻不能從事實上證實演化來源於突變。

果蠅實驗則做到了這一點。進行此項研究的是美國哥倫比亞大學的摩根。摩根飼養了大批果蠅，並從中尋找發生突變的個體。例如，體色呈現黑色的個體、頭頂生出鬚子的個體，或是翅膀撐在一起的個體、翅膀縮短的個體等。1910 年，他發現果蠅的白眼特徵與 X 染色體有關，這是第一個與性染色體有關的基因遺傳證據。摩根運用此實驗所得出的結論是，突變所引起的性狀改變與物種演化的改變無關，而且這些性狀的改變通常不利於生物的變化。此果蠅實驗，證實了孟德爾定律的正確性，而且還證實了長期存在的一種猜測，即藉助於顯微鏡，能看到在細胞核中，呈現小棍形狀結構的染色體，即為基因的所在地。

（二）突變並不能解釋演化的現象

就是說，幾乎所有的突變都不像貝特森所主張的那樣會帶來較大程度的性狀改善，這些突變只不過是些微小的變化。除此之外，幾乎所有的突變對於發生突變的生物個體來說都是毫無意義的改變，對生物的演化有利的突變幾乎是不會發生的。

果蠅實驗證實僅僅依靠突變並不能解釋演化的現象。其結論是，像達爾文的演化論所解釋的那樣，隨機發生突變的個體成為天擇的對象，然後逐漸演化，而並非是依靠大的突變來促成演化的。貝特森等研究者的想法只不過是在很短的時間之內被接受過而已。

小博士 解說

在 1910 年，美國人摩根的果蠅實驗，證實了孟德爾定律的正確性，而且還證實了長期存在的一種猜測，即藉助於顯微鏡，能看到在細胞核中，呈現小棍形狀結構的染色體，即為基因的所在地。

從突變實驗中所得到的啟示

摩根（1866～1945）
美國遺傳學家，以「果蠅的染色體及遺傳的研究」而獲得諾貝爾獎，也是遺傳基因學說的創始人。

摩根的果蠅實驗

摩根運用實驗認識到，突變所引起的性狀改變，既不像物種改變那麼大的變化，也不是對生物體有利的變化。
貝特森所提出的依靠突變而引起演化的想法被否定。

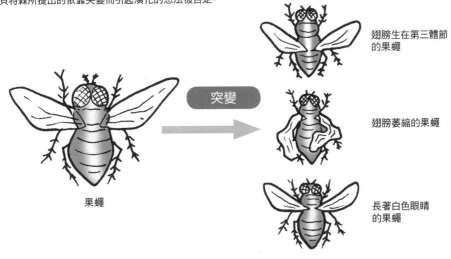

翅膀生在第三體節
的果蠅

翅膀萎縮的果蠅

長著白色眼睛
的果蠅

突變

果蠅

野生型果蠅

變異品種果蠅

自從 1910 年，摩根在哥倫比亞大學的「果蠅辦公室」中發現
了第一隻果蠅：其學名為黑腹果蠅。研究果蠅的科學家表示，
一個世紀以來，果蠅向生物學家提供了比任何其他複雜生物
更多的基因演變資訊。

5-10 什麼是族群遺傳學

族群遺傳學是研究族群遺傳結構及其變化規律的遺傳學子學科。它應用數學與統計學的方法來研究族群中基因頻率與基因型頻率，以及影響這些頻率的因素與功能，並以此來探討演化的機制。

（一）哈迪 - 溫柏格定律

發生於個別生物體的小突變是如何蔓延到整個生物族群，促成物種演化的呢？

為了能夠準確地回答此問題，許多科學家不斷地進行研究。

終於，1907 年英國的哈迪、1909 年德國的溫伯格分別發現了一條關於生物族群演化的定律，這就是哈迪 - 溫伯格定律。

此定律的內容是，在一個大的生物族群中，交配是隨機性進行的，這樣無論經過多少代，血型和花色等特定的遺傳基因出現的機率就是固定的了。簡單地說，某種花在某一代開的紅色的花占整體花朵的 10%，那麼它的下一代，再下一代，紅花也依然是占全體的 10%。

（二）哈迪 - 溫柏格定律的影響

由於此定律的發現，演化論邁向了新的領域。觀察在交配的生物種群內，某一個遺傳基因所出現的機率，並進一步觀察此機率在以後的世代中發生怎樣的變化，這是長期演化論所不能解釋的重要的一點。這與觀察某生物族群演化的過程是同樣的道理。像這樣，觀察某生物族群，並對遺傳基因所出現的頻率進行科學計算的研究，後來就發展成為了族群遺傳學，它的研究成果對演化論產生了重大的影響。

哈迪 - 溫伯格定律在理論上，是族群遺傳和量化遺傳理論的基石。遺傳學這兩個子學科的遺傳模型和母數估計，就是根據該定律推導出來的。它提醒我們在對族群加以研究時，不要使族群過小，否則，就會導致原有品種性狀的消失。

小博士解說

在二十世紀初，英國的哈代與德國的溫伯格，分別發現了在生物族群中，遺傳基因所出現的機率為固定的，此定律稱為「哈迪-溫伯格定律」。

他們分別提出了關於族群內基因頻率與基因型頻率變化的規律，它是族群遺傳學中的一個基本定律。此定律只有在理想狀況下才成立，因為在自然界的生物族群中，影響哈代－溫伯格遺傳平衡狀態的各個因素不斷地在變動，其結果導致了族群與遺傳結構的變化，從而引起了生物的演化。

族群遺傳學的誕生

個體的突變到族群的演化
生物會常常發生微小的變異，而隨著這些變異被天擇，而逐漸演化。

族群中有一隻長脖子的長頸鹿   為什麼整個族群都變成了長脖子呢？

哈迪 - 溫柏格定律

紅色的花占全體的 10%

在後代中，紅花也依然是占全體的 10%

> **✚ 知識補充站**
> 　　族群遺傳學：在生物族群內部，交配會隨機進行，血型與花色等特定的遺傳基因所出現的頻率，無論經過多少世代都是固定不變的理論，發展成為以後的族群遺傳學。

5-11 從族群遺傳學發展到綜合演化論

（一）族群遺傳學

族群遺傳學指的是，在族群的內部，某個遺傳基因得到傳播或者消失的過程是要考量到多方面的因素，並運用嚴密的數學推理所得出的學問。某種（特定的）遺傳基因以一定的性狀所出現的個體數有多少？這些個體占全體的比例是多少？這樣經過數學計算，就會明白某個（特定的）遺傳基因是如何在一個族群中擴散開來的。

（二）對族群遺傳學有重大貢獻的三位知名科學家

族群遺傳學在 1920 年代得到了飛速的發展，為此發展打下基礎的是下列三位科學家：

英國的統計學家費雪運用統計學解釋了在一個族群中某特定遺傳基因的擴散方式。同樣，英國的霍爾丹研究出了突變所產生的遺傳基因，如何透過天擇得到傳播，並最終在族群內占有固定的比例。美國的賴特運用數學計算證實了與其他族群隔離開來的個體數較少的生物族群，天擇並不能充分發揮功能，因此遺傳基因的變化相對地容易發生。

這些科學家運用統計學解決了生物族群中遺傳基因的變化規律，特定遺傳基因如何在族群中占有固定比例，也就是說，他們運用統計方法解釋了物種演化的現象。族群遺傳學的關鍵是以族群中突變基因的動態，做為隨機過程來做理論性的處理，在實驗方面曾經以果蠅為材料做了廣泛的研究。

這些族群遺傳學的研究成果不僅對演化論產生了重大的影響，現在還成為了演化論的主流：「綜合演化論」的支柱。

小博士解說

族群遺傳學為遺傳學中，研究支配生物族群遺傳結構的子學科，其終極目的在於闡述生物演化的機制。

現代綜合演化論認為生物演化是在族群中實現的，新物種的形成有三種階段：突變→選擇→隔離，由於地理的隔離，在天擇的運作下，形態、習性與結構進一步分化，即產生生殖隔離，進而形成新物種現代綜合演化論繼承與發展了達爾文學說，能較完善地解釋各種演化的現象。

族群遺傳學

族群遺傳學的概念

族群遺傳學所指的是，在族群的內部，某個遺傳基因得到傳播或者消失的過程是要考量到多方面的因素，並運用嚴密的數學推理所得出的學問。

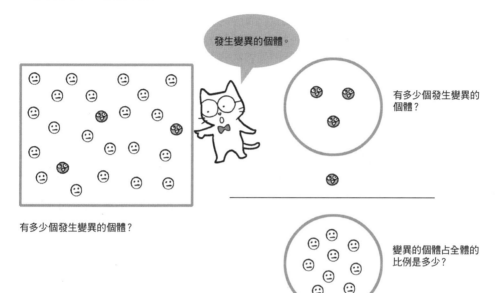

發生變異的個體。

有多少個發生變異的個體？

有多少個發生變異的個體？

變異的個體占全體的比例是多少？

建構族群遺傳學基礎的三位科學家

1920 年代，霍爾丹與賴特等人發表了有關族群中的遺傳基因比例的變化，與天擇影響的研究成果。第一次運用理論證實了性狀受到遺傳因素與環境因素兩方面的影響，而連續的變異也是遺傳的因素之一。

費雪（1890 ～ 1962，英國）

霍爾丹（1892 ～ 1964，英國）

賴特（1889 ～ 1988，美國）

5-12 小族群比較容易發生演化

（一）族群遺傳學研究的成果

正如前面所介紹的那樣，依靠費雪、霍爾丹及賴特所發展起來的族群遺傳學，是採用數學方法來證實遺傳定律和天擇對生物族群的影響，並因此獲得相當大成功，但是事實上，族群遺傳學更重要的成果在於證實了演化在小的族群中更容易發揮功能。在這裏所說的小族群，所指的是族群中的個體數較少的族群；大族群所指的是個體數量較多的族群。

族群遺傳學在闡明人類族群的遺傳架構上正在發揮越來越大的功能。此外，由於分子遺傳學的發展，終於能夠在資訊分子（基因或其直接產物的蛋白質）水準上來處理變異及演化的問題，在其推動下，族群遺傳學的理論也取得了巨大的進展。

（二）小族群的競爭優勢

現在假設大的族群中發生突變，由於在一個大的族群中發生突變的個體要想變成多數，需要花費很長的時間。相對來說，小族群中發生突變的個體更易變成多數派。所以，與大族群相比，小族群能夠在相當短的時間之內，將發生變異的個體變成多數派。因此，大族群是很難演化的，而小族群就容易多了。

其實大族群並不會出現多數突變個體的情況，而有利於整個族群的安定。然而，當環境發生遽變時，大的族群由於不適應環境的變化，都很可能會更容易滅絕。從此點來看，小的族群在適應環境方面還是占優勢的。也正因為如此，演化論更為重視小族群的研究。

小博士解說

實際上，生物族群常常是小族群，在小族群中由於隨機事件的影響，等位基因頻率從上一代至下一代容易發生波動變化，此種變化稱為遺傳漂變（genetic drift），遺傳漂變影響生物演化還有兩種特殊的現象，其中稱為瓶頸效應（bottleneck effect）。例如一場自然災害使某個族群大多數個體死亡，殘餘的小族群成為多樣化族群遺傳的瓶頸，另一個現象為建立者效應（founder effect）。當少數個體從大族群中分離，到另一個地方建立一個新族群之後，該另一個地方建立一個新族群之後，該新族群後代受到這些地方建立一個新族群之後，該新族群後代受到這些祖先小族群的影響，其遺傳變異是可能會偏離原始的大族群。

族群遺傳學不僅對演化機制的發展有很大的影響，而且其方法在目前已被用作為動植物育種學的基礎理論，對育種的現代化有重要的貢獻。

小族群的重要性

大族群在發生突變時

突變在大族群中擴散，需要很長的時間

小族群在發生突變時

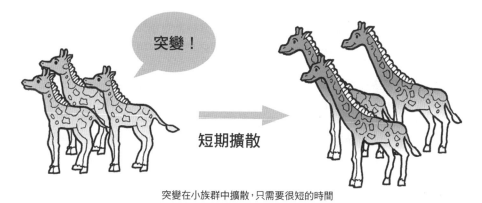

突變在小族群中擴散，只需要很短的時間

> **＋ 知識補充站**
>
> 小族群的重要性：小族群更容易適應環境的變化，而且更容易演化。因此，演化論更重視小族群的研究。

5-13 **新達爾文主義（一）**

（一）什麼是綜合演化論

在進入二十世紀之後，由於孟德爾的遺傳定律被重新加以認識而起步的遺傳學，之後因為突變的發現和族群遺傳學的誕生而急速發展，對演化論產生了重大的影響。

這些遺傳學的進步與天擇、雜交、隔離等理論綜合之後的結果，就是綜合演化論。集合了多名研究者的研究成果的綜合演化論是由誰所提出的，雖然並不明確，但現在經過美國的辛普森改善之後，便變得更有說服力了。

辛普森是一位美國動物學家，他將演化的研究分成兩大領域：研究物種以下演化改變的小演化和研究物種以上層級演化的大演化。但是，他並不認為小演化與大演化是各自不同的或者彼此無關的演化方式。

（二）綜合演化論的三種演化

下面將簡單說明一下何謂綜合演化論，辛普森認為演化分為三種：產生物種和品種的物種分化；像從原始馬演化到現代馬那樣的系統演化；從爬蟲類演化到鳥類、哺乳類那樣的大型演化。

綜合演化論中提到的這三種演化都是由突變和天擇所引起的。某個生物族群中產生一些微小的變異，這些變異經過天擇之後就留在族群之中。此種過程不斷地重複，而新物種就產生了（物種分化）。新物種經年累月，就在物種的系統中不斷演化（系統演化）。最後，完全演化成了另一各種類的生物（大演化）。

現代綜合演化論的基本觀點是：

1. 基因突變、染色體畸變與有性雜交的基因重組為生物演化的原料。

2. 演化的基本單位為族群而非個體，演化起因於族群中基因頻率發生了重大的變化。

3. 天擇決定了演化的方向，生物對於環境的適應性為長期天擇的結果。

4. 隔離導致新物種的形成。邁爾徹底否定了獲得性遺傳強調演化的漸進性，認為演化現象為族群現象，並重新肯定了天擇的重要性。由於地理隔離，在天擇的運作下，形態、習性與結構進一步分化，就產生生殖隔離，進而形成新物種。

小博士解說

新達爾文主義是由德國生物學家魏斯曼所建立，他認為生物的演化是由於兩性混合所產生的種質差異，經過天擇所造成的後果。此一學說特別強調變異與達爾文所提出的天擇在演化上的功能，故稱之為新達爾文主義。

綜合演化論

（一）綜合演化論的發展歷程

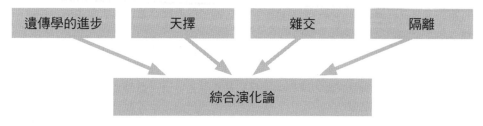

（二）新物種行程的三個階段

（三）辛普森所倡導的綜合演化論

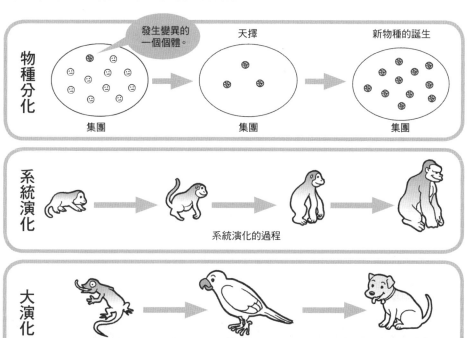

5-14 **新達爾文主義（二）**

（三）被稱為新達爾文主義的原因

雖然辛普森將演化分三種，但是他認為演化產生的原因還是綜合演化論的「突變」和「天擇」。現代理論認為突變所指的是染色體的重組、倍數化及遺傳基因的突變等，但關於天擇，還是停留在達爾文的觀點上，因此辛普森的此種理論就被稱為新達爾文主義。

達爾文之後的各個領域裏的研究成果都被灌輸進去。研究遺傳產生機制的遺傳學，運用數學的方法來處理生物族群內，變異頻率的族群遺傳學。還有，研究化石的古生物學的成果也包括在內。

總之，是與生物演化有關的所有學術成果綜合而成的理論，因此，它在現代演化論中占有關鍵性的地位。另外，本書在以後章節所提到達爾文演化論的時候也都是指綜合演化論。

（四）二十世紀後半葉的演化論

在二十世紀後半業，隨著若分子生物學飛速的發展，人們發現許多以目前的知識甚至無法想像的遺傳基因的改變。遺傳基因的本質究竟是什麼呢？微觀層面上的發現也持續不斷地發生。類似如此的分子生物學、發育生物學等新學科的發展，對演化論產生了前所未有的影響，更多的演化理論被提出。分子生物學的發展帶來了新的創意及綜合演化論之外的各種演化理論。

小博士解說

近半個世紀以來，由於分子生物學、分子遺傳學與族群遺傳學的興起，對生物演化問題提出了新的見解。現在綜合演化論（modern synthetic theory of evolution）將達爾文的天擇說與現代遺傳學、古生物學以及其他相關學科整合起來，用以說明生物演化的理論。

新達爾文主義

演化所產生是綜合演化論的「突變」和「天擇」

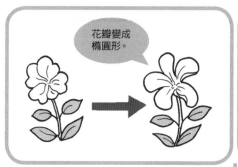

花瓣變成橢圓形。

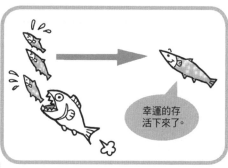

幸運的存活下來了。

新達爾文主義

綜合演化論為綜合了所有學術成果綜合而成的理論

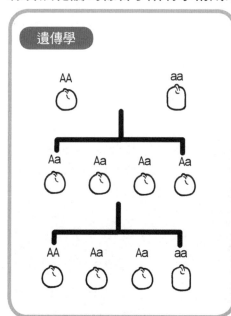

遺傳學

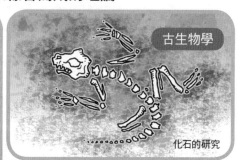

古生物學

化石的研究

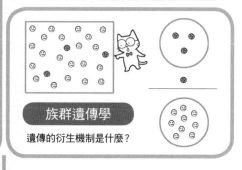

族群遺傳學

遺傳的衍生機制是什麼？

現代演化理論的主流

✛ 知識補充站

　辛普森（1902～1974）為美國古生物學家、演化學家，其運用脊椎動物化石的調查，從事演化過程與演化速度的研究。

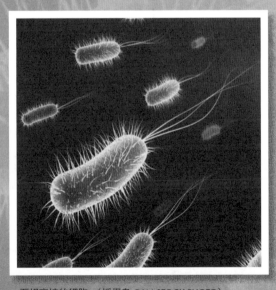

互相密接的細胞。（授權自 CAN STOCK PHOTO）

第6章
遺傳學與微生物學的關係

　　二十世紀，微生物學的發展，將遺傳學在顯微鏡的照視下完全曝光，新的研究發現層出不窮，而使遺傳學的發現進入了一個嶄新的年代。

6-1 **動物的行為與演化**

（一）行為學與演化論

各種演化論，不僅需要注意生物的外形變化，而且關注於動物的行為也是非常重要的。科學家將各種動物與生俱來的行為稱為本能。但是由於「本能」一名詞的含義過多，因此人們往往會把所有的行為都歸諸為本能。而把動物的所有行為都歸諸為本能的話，似乎太過於勉強。因此，1940 年代，奧地利動物行為學家勞倫茲（Konrad Lorenz）等人提出了動物行為學。1973 年勞倫茲由於對動物行為學方面開拓性的研究而獲得 1973 年的諾貝爾獎，將動物行為學說與族群遺傳學整合起來，形成了一種新的演化論。

此位「動物行為學之父」曾留下一張讓世人印象深刻的一張照片，畫面上顯示出一群小灰雁，將他當成母親，成群緊跟在他的身後走，此即為鳥類「銘記作用」（Imprinting）的絕佳寫照。所謂的「銘記作用」，主要用以說明動物在出生之後，第一次接收到的學習內容，會將其深刻地留在腦海中，導致日後模仿的認知與行為，都會以「第一印象」做為標的物。

達爾文的演化論認為，動物的一切行為對於本身都是有利的。但是，在非洲有一種動物稱為非洲野狗（Lyoaon），牠們喜歡群居生活，在族群中，只有一隻公狗負責繁殖後代，其他公狗則負責撫養幼狗，這是一個利他行為的範例。

（二）動物的利他行為

如上面所舉的例子一樣，動物有很多犧牲自我的利他行為。為了對此種行為作出解釋，在 1964 年，英國的漢彌頓（William Hamilton）提出了「親緣篩選理論」。該學說認為，所有的動物之所以都有利他的行為，是因為牠們都有具有一種控制該行為的基因，此種基因的遺傳機率比其他基因更高，甚至延伸到了自然淘汰機制中。當某一個體幾乎無法繁殖後代之時，同一個族群的其他動物的基因與本身的基因也非常相似，也就是說採取一種血緣基因遺傳的行為。

小博士解說

在進入二十世紀，科學家在研究動物的時候，開始注意動物的行為，而有些演化是動物行為的改變所造成的。

動物的行為與演化

勞倫茲與動物行為學

勞倫茲（Konrad Lorenz，1903 ～ 1989）出生於奧地利最美麗的音樂城市維也納，他是動物行為學的開山鼻祖，他深信動物的行為正如同動物身體構造的適應功能一樣，為求取生存的憑藉，同樣為適應環境的結果。

動物行為學的開山鼻祖　　　　　　　　　襲擊野鹿為獅子的本能反應

動物的利他行為

達爾文的演化論認為動物行為對於個體與族群來說都是相當有利的。

雌性孔雀在選擇異性時相當挑剔

雄性孔雀會開屏來吸引雌性的注意，所以尾巴較為漂亮的孔雀會有更多的後代。此種行為對孔雀本身與族群都是有利的。

漢彌頓的理論

漢彌頓（William Hamilton 1936 ～）在 1964 年提出了「親緣篩選理論」。該學說認為，所有的動物之所以都有利他的行為，是因為它們都具有一種控制該行為的基因，此種基因的遺傳機率比其他基因更高，使得它們必須要保護下一代。

6-2 漢彌頓的親緣篩選理論

動物的利他行為

達爾文的演化論認為，在生存競爭中存活下來的個體將大量地繁殖後代，從而使得物種發生演化。然而，在地球上的所有動物之中，有些個體卻不繁殖後代。例如，蜜蜂分為蜂王、雄蜂和工蜂，但負責繁殖後代的只有蜂王。工蜂雖然是雌性的，但卻無法繁殖後代，它們只負責做各種工作，像是負責清理蜂王所產的卵、培育幼蜂、搬運食物、打掃蜂巢等。而工蜂的此種利他行為，達爾文的演化論卻無法加以解釋。

我們可以發現，工蜂之間基因相同的比例相當高。蜂王的基因由兩個組成一對，如果以「AB」來表示的話，所產生的卵子基因就是「A」或者「B」。雄蜂的基因是不成對的。假設卵子與含有「C」基因的精子相結合之後，繁殖出大量的工蜂，則它們的基因將是「AC」或者是「BC」。也就是說，工蜂的基因可能 100% 相同，而即使不同也是「AC」或者「BC」中的一個，因此有 50% 的基因是相同的。將這兩個數值平均一下，工蜂的血親度就是 75%，這比人類的父子和兄弟之間的血親度更高。根據此一理論可以得出結論，工蜂之所以照顧蜂王所產下的後代，是為了增加與自己基因相同的蜜蜂。

漢彌頓認為，此種幫助血親的利他行為是由專門的基因所控制的，親緣篩選理論的核心內容就是，動物的親緣關係越近，動物彼此合作的傾向和利他行為也就越強烈；親緣越遠，則表現越弱。

小博士解說

漢彌頓為英國著名的生物學家，他在研究了動物的利他行為之後，提出了著名的「親緣篩選理論」，他認為動物的親緣關係越近，動物彼此合作的傾向和利他行為也就越為強烈。

利他行為：個人出於自願而不計較自身的利益無償地來幫助他人的行為，利他行為者可能需要作出某種程度的個人犧牲，但卻會給他人帶來實質上的好處。

（一）蜜蜂的利他行為

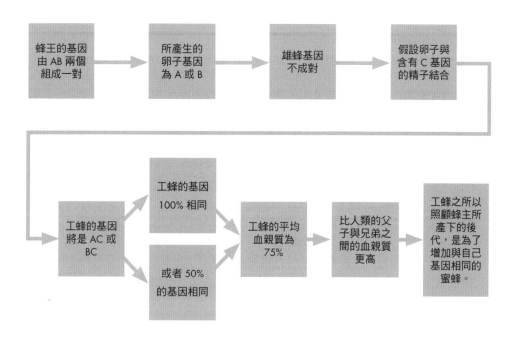

（二）親緣篩選理論

基因與利他行為

漢彌頓認為，此種幫助血親的利他行為是由專門的基因所控制的，親緣篩選理論的主要核心就是，動物的親緣關係越近，動物彼此合作的傾向和利他行為也就越強烈；親緣越遠，則表現地越弱。

工蜂：培育幼蜂打掃與搬運食物

蜂王：繁殖後代

雄蜂：除了繁殖之外，閒閒沒事做。

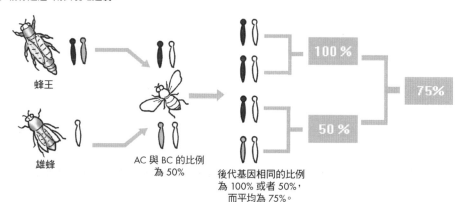

6-3 **生物只不過是 DNA 的載體而已**

生物為 DNA 的載體

　　道金斯（Richard Dawkins）為英國著名的動物學家，在 1976 年出版了「自私基因」（Selfish gene）一書，一時洛陽紙貴。在本書中，他提出了一種嶄新的想法：基因是自私的，所有生物的繁衍、演化，都是基因為了求取本身的生存與繁衍所發生的結果；他更嚴酷地指出，生物只不過是受到 DNA 所控制的機器人，完全是基因在主宰身體的這部機器！

　　而達爾文的演化論認為，繁殖大量的後代是演化中取得勝利的第一步，適應環境的生存再來繁衍更多的後代。然而，在對自然界觀察的過程中，我們也會經常看到動物無償地做出自我犧牲的行為發生。最有代表性的例子就是當雲雀發現自己的孩子被狐狸盯上之後，為了幫助孩子存活下來，於是自己假裝受傷而引起狐狸的注意，從而成功地解救了自己的孩子。

　　雲雀的生命在面臨嚴重的威嚇時，就意味著它的 DNA 受到了威脅。因此，母親的 DNA 會發出命令，即使犧牲自己也要保全孩子的 DNA。由於母親和孩子的 DNA 都是一樣的，所以不管哪一方獲救都是一樣的。但更進一步而言，比起母體的 DNA，子體的 DNA 更能大量地加以複製。對於 DNA 來悅，只要能夠增加自己的基因摹本，犧牲自身根本就不是什麼大不了的事情。

　　動物的利他行為是由基因的這種求生存策略所決定的，如此看來，DNA 是一個名符其實的利己主義者。在對自然界此種現象的仔細觀察和研究之後，道金斯才提出了利己基因的想法。

小博士解說

　　英國著名的動物學家道金斯提出了「自私基因」的學說，他認為生物只不過是受到 DNA 所控制的機器人，完全是基因在主宰身體這部機器！

道金斯的理論

道金斯（Richard Dawkins，1941～迄今），英國著名的動物學家與科普作家，著有「自私基因」、「上帝的錯覺」等多部著作。

自私的基因

道金斯在 1976 年出版了「自私基因」（Selfish gene）一書，他認為生物只不過是受到 DNA 所控制的機器人，完全是基因在主宰身體這部機器！所有生物的繁衍、演化，都是基因為了求取本身的生存與繁衍所產生的結果。

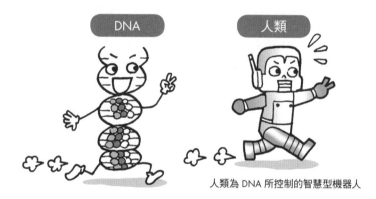

人類為 DNA 所控制的智慧型機器人

DNA 是一個名符其實的利己主義者

要好好地保護下一代！

急急如律令！即使犧牲自己也要保全孩子的 DNA
對於 DNA 來說，只要能夠增加自己的基因摹本，犧牲自身根本就不是什麼大不了的事情。

6-4 **基因的求生策略**

都是完全為了繁衍後代

在同一物種的動物之間，並不會進行殘酷的互相殘殺，已經成為了生物學界的共識。運用達爾文演化論來分析也可以看出，同一個物種的個體之間相互殘殺，對物種的生存和繁殖並不十分有利。然而，在 1962 年科學家經過仔細的觀察發現，在印度一種叫做長尾葉猴（Hanuman langur）的猴群中存在「殺子」的現象。

長尾葉猴群由一隻雄猴和許多雌猴所組成。但有些雄性個體也脫離族群而單獨生活」。獨自生活的雄性個體會襲擊領導族群的雄性猴，而搶奪整個族群。如果族群中的雌性個體正在哺育後代的話，就不會再分泌荷爾蒙而發情。如此一來，即使雄猴奪取了整個族群，也不一定能夠繁殖後代，因此，該雄猴會從母猴那裏奪取孩子並將之殺害，以使母猴又進入發情期，而能夠重新繁殖自己的後代。

道金斯針對此種情況而解釋說，這是基因的求生策略，利己基因發出「繁殖自己的後代」的指令才導致了此種行為。此種類似的殺子行為，在其他很多的動物族群中都存在。

布穀鳥會把卵產到其他鳥的巢中，讓其他鳥類孵出自己的孩子，當布穀鳥的孩子出生之後，會為了獲得更多的食物，而把其他鳥類的孩子擠出鳥窩外使之摔死，一旦長大之後就會不聲不響地離開。還有雄性的藍鰓魚（Bluegill）會假扮雌性來傳遞自己基因等行為，這些現象在道金斯看來，都只不過是受到利己基因求生策略的控制而產生的。

小博士解說

道金斯認為 DNA 是自私的，它的一切目的皆為生存與繁衍，對於 DNA 來說，只要能夠增加自己的基因複製品，犧牲自己根本就不是什麼大不了的事情。

自私基因的策略

自私基因的求生存方法

在 1962 年,科學家經過仔細的觀察發現,在印度有一種叫做長尾葉猴(Hanuman langur)的猴群中存在「殺子」的現象。長尾葉猴群由一隻雄猴和許多雌猴所組成。但有些雄性個體也脫離族群而單獨生活。獨自生活的雄性個體會襲擊領導族群的雄性猴,而搶奪整個族群。如果族群中的雌性個體正在哺育後代的話,就不會再分泌荷爾蒙而發情。如此一來,即使雄猴奪取了整個族群,也不一定能夠繁殖後代,因此,該雄猴會從母猴那裏奪取孩子並將之殺害,以使母猴又進入發情期,而能夠重新繁殖自己的後代。道金斯針對此種情況而解釋說,這是基因的求生存策略,自私基因發出「繁殖自己的後代」的指令才導致了此種行為。

道金斯的結論

道金斯認為這是基因的求生策略,自私基因發出「繁殖自己的後代」的指令才導致了此種行為。
把其他雌性的後代通通消滅掉,為了自己後代的誕生,做出一番準備。

6-5 道金斯的自私基因

對自私基因（Selfish gene）的歸納

　　同樣是基因的求生策略，布穀鳥依靠其他鳥類來哺育自己的後代，而長尾葉猴和藍鰓魚卻殘害自己的同伴而千方百計地去繁殖自己的後代。也就是說，只要能夠繁殖自己的後代，即使是犧牲同一個族群的某些個體也無所謂。

　　漢彌頓的親緣選擇學說認為，動物有一種控制利他行為的基因，當自己的基因無法傳遞時，為了能夠讓與自己基因相同或者非常相似的親緣基因得到遺傳，動物會採取一種利他行為。但是基因的此種行為，實際上並不是為了幫助有親緣關係的個體。對於基因而言，無論如何只要自己的後代能夠增加就好，因此與其說此種行為是利他，不如說是自私因素在作祟。

　　在鴕鳥中，多個雌性個體會把卵產在同一個窩中，而孵卵的則是最先產卵的個體。因此，同一隻鴕鳥有時需要照顧五十多隻小鴕鳥。之所以會這樣做是因為，如果只帶自己的孩子的話，被捕食的機率是 100%，而如果同時照顧其他鴕鳥的小鴕鳥，則自己的孩子被捕食的機率就小很多，這就是道金斯的自私基因理論。

　　與其他演化論一樣，道金斯的此種理論也受到了很多的批評和反對。而道金斯身為一位達爾文演化論的忠實支持者，為了能夠有效地使用達爾文演化論來解釋演化問題，他才提出了自私基因理論。不過，他認為發生自然淘汰的單位並不是不適應環境的個體，而是無用的基因，這是與達爾文理論所不同的獨創性觀點。

小博士解說

　　道金斯為達爾文演化論的支持者，他認為發生自然淘汰的單位並不是不適應環境的個體，而是無用的基因，生物不斷地演化，繁衍為自私基因所運作的結果。

DNA 支配行為

自私基因的求生方法

不同的生物在自私基因的運作下，會想方設法使自己的後代繁衍下去。雖然同樣是基因的求生存策略，但是所使用的方法卻大異其趣。

利用其他物種

布穀鳥
布穀鳥將卵產於其他鳥類的巢中

利用同一物種的其他個體

長尾葉猴
長尾葉猴為了繁衍自己的後代而殺死同伴的後代

鴕鳥同時帶著其他鴕鳥的小孩一起出去，那麼自己的孩子被捕食的機率就小很多。

狼

自己的孩子

其他鴕鳥的孩子

我所提出的「自私基因」學說正是為了更準確地證實達爾文的演化論。

道金斯

6-6 **病毒是否會改變基因**

基因為何會突變

　　到目前為止，還沒有任何一種觀點反對演化是由於基因發生變化所產生的，而且相當多的演化理論都把基因的此種變化解釋為突變。然而，此種突變是否一定對動物有利，目前還存在著相當多的疑問。而且，目前尚未發現由於基因而發生巨大突變的物種。

　　除了基因突變之外，是否可以運用其他的理論來解釋基因發生突變的原因呢？DNA有一種雙股螺旋結構，具有很強的修復功能，因此非常地穩定。但是在自然界中，由於放射線、紫外線和有害化學物質的影響，會使 DNA 的雙股螺旋結構受到破壞而發生變化。目前利用生物技術也可以做人工基因重組，利用病毒將一種基因組裝到另一種基因之中，從而促使基因發生變化，則此種基因重組，在自然界中會不會發生呢？最近所提出來的病毒演化說正是以此種構想為基礎而產生的。

　　在 1971 年，一些科學家提出了演化是由於病毒的影響而引起的「病毒演化說」。所謂病毒演化說就是以病毒為基礎，將基因從一個個體轉移到另一個個體的「病毒引起基因的平移移動」的構想而提出的一種假設。簡而言之，病毒將基因轉移到某個個體的基因中之後，促使基因發生變化，從而促使生物發生演化，此即為「演化是由病毒所引起的傳染病」。

小博士解說

　　病毒與其他微生物一樣，具有遺傳性與變異性。病毒的遺傳性（heredity）是指病毒在複製過程中，其子代保持與親代病毒性狀的相對穩定性。病毒的變異性（variation）是指病毒在複製過程中出現某些性狀的改變。病毒的變異有遺傳性變異與非遺傳性變異之分，前者是指病毒遺傳物質核酸發生改變，其變異後的性狀可以遺傳給後代病毒，後者常因病毒核酸並未發生變化，其變異一般不能遺傳。

　　目前，一些科學家認為，基因發生突變的一個重要原因，是由於病毒的影響。在生物接觸病毒時，病毒會改變 DNA 的生化結構，從而導致基因突變，而使生物隨之發生變化。

病毒演化論

在病毒演化論之前的理論

不同的生物在自私基因的運作下,會想方設法使自己的後代繁衍下去。雖然同是基因的求生存策略,但是所使用的方法卻大異其趣。

垂直移動

基因只透過母體而遺傳給子體

母體　　　　　　　　　　子體

在此之前,基因只能透過母體而遺傳給子體,而基因的變化如何在族群中固定下來,一直倍受爭議。

病毒引起基因的平移移動

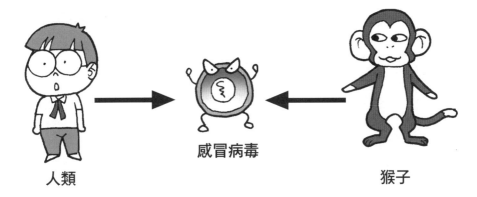

人類　　　感冒病毒　　　猴子

> **+ 知識補充站**
> 　基因的平移移動:基因的平移移動是指基因從一個個體移動到另一個個體。此種移動,可以超越物種的界限,而在不同的物種之間進行。

6-7 病毒是生物還是非生物？

病毒

在介紹自然界中病毒能夠引起基因突變之前，在此先對能夠引起基因突變的病毒加以介紹。

病毒原來是指一種動物來源的毒素，它能夠引起天花、依玻拉（Ebola）出血熱、流形性感冒等各種傳染疾病的病原體。病毒由遺傳基因和保護它的蛋白質外殼所組成，其主要特色如下：

（1）含有單一物種核酸（DNA 或 RNA）的基因組和蛋白質外殼，其中並沒有細胞結構；

（2）在感染細胞的同時或稍後釋放其核酸，然後以核酸複製的方式增殖，而不是以分裂為二的方式來增殖；

（3）為嚴格的細胞內寄生性。

地球上有多樣化的生物，但生物的需求要滿足下列兩種條件：一要有遺傳基因，二是可以加以繁殖。病毒既具有基因又可以加以繁殖，完全滿足了上述兩個條件，因此病毒屬於生物。但並不能就此單純地把病毒歸類為生物，因為病毒只能在其他生物的細胞中加以繁殖。

做癌細胞研究又曾經獲得諾貝爾醫學獎的杜爾貝科（Dulbecco）曾經說過，「病毒在活細胞內進行繁殖時，可以將它們認為是生物，但脫離了細胞就不能認為它們是生物了。」 他這句金玉良言可以說是對於病毒最佳的描述。

在病毒中，有一種專門入侵細菌的噬菌體。此種噬菌體的行動非常奇妙。當一

個噬菌體入侵一個細菌之後，在脫離該細菌入侵其他細胞時，會將原來細胞的遺傳基因攜帶出來。如此一來，原來入侵細胞的基因會改變未來入侵細胞的性狀。此種現象就是噬菌體所引起的「性狀導入」。

小博士解說

病毒是一種個體微小、並無完整細胞結構、含有單一核酸型（DNA 或者 RNA），必須在活細胞內才能寄生，並且能夠複製的非細胞型微生物。

病毒是什麼碗糕？

各種形狀的病毒

疱疹病毒（100～150 奈米）

菸草葉斑病（20×300 奈米）

A 型流行性感冒病毒（80～100 奈米）

天花病毒（210×260 奈米）

腦炎病毒（38 奈米）

細菌病毒的一種
〔80 奈米 ×（25～100）
奈米〕×100 奈米

小兒麻痺病毒（28 奈米）

口蹄疫病毒（10 奈米）

註：**1 奈米＝ 100 萬分之一毫米＝ 10⁻⁶ 毫米＝ 10⁻⁹ 公尺**

細菌性病毒「噬菌體」的感染方式

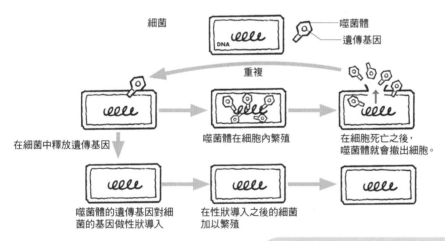

細菌　　　噬菌體　遺傳基因　DNA

重複

在細菌中釋放遺傳基因　噬菌體在細胞內繁殖　在細胞死亡之後，噬菌體就會撤出細胞。

噬菌體的遺傳基因對細菌的基因做性狀導入　在性狀導入之後的細菌加以繁殖

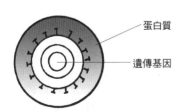

蛋白質

遺傳基因

＋ 知識補充站

　病毒：病毒由遺傳基因和保護它的蛋白質外殼所組成，其主要特色是：（1）含有單一種核酸（DNA 或 RNA）的基因組和蛋白質外殼，其中並沒有細胞結構；（2）在感染細胞的同時或者稍後釋放其核酸，然後以核酸複製的方式來增殖，而不是以分裂為二的方式來增殖；（3）為嚴格的細胞內寄生性。病毒必須在活細胞之內寄生，並且複製的非細胞微生物。

6-8 病毒所引起的基因突變

（一）噬菌體

　　另外還有一種細菌，如果不感染噬菌體的話，就不會成為病原體。例如，白喉菌和肉毒桿菌會產生強烈的毒素，此種毒素其實並不是細菌的基因，而是噬菌體所攜帶的基因而產生的，此種現象稱為「噬菌體轉換」。噬菌體為感染細菌、真菌、放線菌或者螺旋體等微生物的細菌病毒的總稱。

　　人們經常會談論 O-157，其全名為「腸道出血性大腸桿菌」。雖然為大腸桿菌，但它所產生的毒素卻與痢疾桿菌一模一樣。O-157 和痢疾桿菌之所以能夠產生毒素是因為具有可產生細菌外毒素的基因。據相關研究證實，此種產生毒素的基因是透過病毒，從痢疾桿菌攜帶過來的。O-157 可以透過病毒演化為痢疾桿菌。

（二）病毒的分類

　　病毒也可以加以分類，它是根據不同病毒含有核酸類型的不同來分類，有些病毒含有 DNA，但有些病毒含有 RNA。RNA 的結構與 DNA 幾乎一樣，也是由核糖、磷酸和鹼基組成核苷酸，再排列成為鎖鏈狀。但是，RNA 的鎖鏈卻不是兩條，而是一條的，核糖的種類及四種鹼基中的一種與 DNA 有所不同。

（三）HIV

　　以 RNA 為遺傳基因的病毒被稱為「逆轉錄酶病毒」。在出現不久之後就蔓延全球的愛滋病毒（HIV）即為一種逆轉錄酶病毒。此種病毒呈現球狀，其核心呈現中空圓錐形，它是由兩條相同的單鏈 RNA 鏈、逆轉錄酶和蛋白質所組成。其核心之外為病毒衣殼，呈現 20 面體的立體對稱結構，含有核衣殼蛋白質。因此，愛滋病毒的基因並不是 DNA，而是 RNA。

小博士解說

　　病毒複製中的自然突變率為 10^{-5}～10^{-8}，而各種物理、化學誘變劑（mutager）可以提高突變率。突變株與原先的野生型病毒（wild-type virus）特性不同，其呈現為病毒毒力、抗原組成、溫度與宿主範圍等方面的改變。

　　病毒根據含有核酸類型的不同，可以將之簡單地分為兩類：DNA 病毒與 RNA 病毒。病毒在自然界的分布相當廣泛，會感染細菌、真菌、植物、動物與人類，而且時常引起宿主發生病變。

逆轉錄酶病毒

病毒的分類

根據遺傳基因,病毒可以分為兩種:

DNA 病毒

疱疹　　　　腺病毒

擁有兩個鏈鎖狀的 DNA 遺傳基因

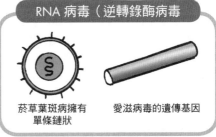

RNA 病毒(逆轉錄酶病毒

菸草葉斑病擁有　　愛滋病毒的遺傳基因
單條鏈狀

擁有一條鏈狀

RNA 的結構

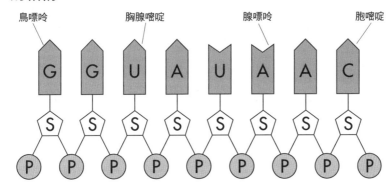

鳥嘌呤　　　　胸腺嘧啶　　　　腺嘌呤　　　　胞嘧啶

G　G　U　A　U　A　A　C

鍊鎖結構是由核糖與「鳥嘌呤、胸腺嘧啶、腺嘌呤及胞嘧啶」4 種鹼基所構成

愛滋病毒的感染過程

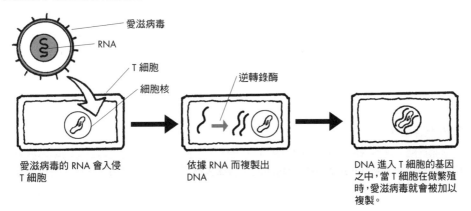

愛滋病毒
RNA
T 細胞
細胞核

逆轉錄酶

愛滋病毒的 RNA 會入侵
T 細胞

依據 RNA 而複製出
DNA

DNA 進入 T 細胞的基因
之中,當 T 細胞在做繁殖
時,愛滋病毒就會被加以
複製。

6-9 **逆轉錄酶病毒所引起的演化現象（一）**

（一）逆轉錄酶

科學家在觀察時發現，逆轉錄酶病毒帶有「逆轉錄酶」，當進入宿主體內之後，此種酶會從 RNA 上複製遺傳資訊，並合成 DNA。當從 RNA 上複製出的 DNA 進入宿主的基因之後，逆轉錄酶病毒的感染過程就此結束。在受到感染之後，每次宿主的細胞繁殖時，此種病毒可以自己複製 RNA 並加以繁殖。

最近的研究發現，此種逆轉錄酶病毒與演化具有相當密切的關係。逆轉錄酶病毒可以把一個宿主的基因導入另一個宿主基因內部，從而改變新宿主的基因。相關實驗逐漸發現，此種由逆轉錄酶病毒所引起的基因變化是引起生物演化的重要原因。

（二）逆轉錄酶病毒所引起的演化

在 1975 年，科學家們首次發現了逆轉錄酶病毒會引起演化的現象。因為他們發現，田鼠基因中有一種叫做「IAP」逆轉錄酶病毒的 DNA 的一部分，此種病毒與老鼠身上產生「免疫球朊 E 結合因子」的 DNA 的鹼基序列幾乎是一致的。此意謂著在很久以前，田鼠感染了 IAP 逆轉錄酶病毒，田鼠與老鼠雜交把此種病毒傳染給老鼠，此種病毒在進入老鼠遺傳基因內部之後，在老鼠體內演化為全新的基因，從而導致了老鼠的變異。

還有一些古生物學家研究發現，在 1,000 萬年之前，生活在地中海沿岸的狗和狒狒的 DNA 鹼基序列具有相同的部分，此部分相同的鹼基排列所構成的就是逆轉錄酶病毒，此種現象也可以解釋為逆轉錄酶病毒能夠引起演化的現象。

小博士解說

逆轉錄酶又稱為 RNA 所指揮的 DNA 聚合酶，它是 1970 年美國科學家特明與巴爾地摩分別從動物致癌 RNA 病毒中所發現的，科學家研究發現逆轉錄酶病毒可以改變基因而引起演化的現象。

逆轉錄酶病毒與演化關係

逆轉錄酶病毒的發現

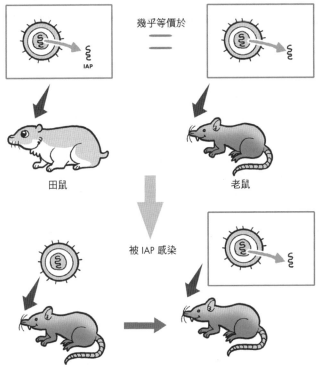

此意味著在很久以前，田鼠感染了 IAP 逆轉錄酶病毒，田鼠與老鼠雜將此種病毒傳染給老鼠，而使老鼠也感染了此種病毒，此種病毒進入老鼠遺傳基因的內部之後，在老鼠體內演化為全新的基因，從而導致了老鼠的變異。

科學家的新發現

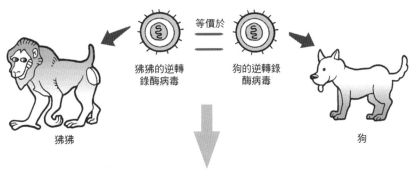

6-10 逆轉錄酶病毒所引起的演化現象（二）

（三）病毒為基因的傳遞工具

在達爾文的演化論發現之後，所有的演化論都認為，基因只能從母體傳遞給後代。因此，各種演化論，都只針對母體基因的變化是如何傳遞給後代，並在整個族群中固定下來的問題加以研究和探討。而與此種觀點相對照的是，病毒演化說認為，基因可以在個體之間進行平移移動。

基因的平移是指與基因從母體傳遞給子體，並沒有任何關係，而是在個體之間傳遞的現象。基因從母體傳遞給兒子，再傳遞給孫子，此為基因的垂直移動。而基因的水平移動是指橫向的水平移動。也就是說，一個個體的基因受到另一個完全沒有關係的個體基因的入侵之後，使得基因發生變化，從而產生新的性狀。

病毒演化說還認為，病毒基因的水平移動不僅侷限於同一個物種，而且還可以在不同物種之間進行，而承擔了基因移動工作的則是病毒。因此，病毒演化說認為，演化是由病毒所引發的傳染病。

從病毒演化說的觀點而言，病毒僅僅是基因傳遞的運輸工具，既不是生物也不是非生物。胃和腸等消化器官是為了吸收營養才存在的，而肺是為了呼吸才存在的。如此看來，胃、腸和肺等器官對於生物來說即為工具。同理可以得出結論，病毒就是傳遞基因的細胞內的小器官。

病毒演化說所描述的演化過程

基因的垂直移動
一般的演化理論認為基因是在物種之間垂直移動的,基因從母體傳遞給兒子,再傳遞給孫子。

祖父　　　　　　　　　爸爸　　　　　　　　　兒子

基因的水平移動
只要有運輸工具,基因就可以在個體之間做水平移動,病毒演化說認為此種運輸工具即為病毒。

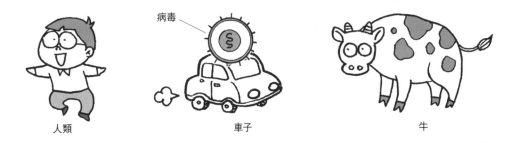

病毒

人類　　　　　　　　　車子　　　　　　　　　牛

生物器官都是工具
各種器官對於生物來說都是工具。

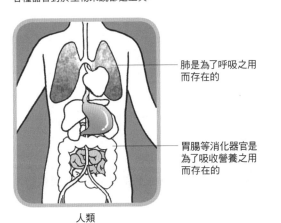

肺是為了呼吸之用
而存在的

胃腸等消化器官是
為了吸收營養之用
而存在的

人類

病毒

病毒為傳遞基因之細胞內
微小器官

6-11 **病毒演化說與達爾文演化論的主要差異**

（一）演化必要條件的區別

　　病毒演化說和達爾文演化論之間最大的區別主要有三個。第一個區別是，達爾文演化論認為自然淘汰是演化的必要條件，而病毒演化說認為，即使沒有自然淘汰，生物也會發生演化。長頸鹿的脖子並不是因為自然淘汰而變長的，而是因為感染了攜帶具有使脖子變長的病毒之後，由於患上該病，而使脖子才變長的。達爾文演化論認為長頸鹿的脖子變長是相當有利的，而病毒演化說卻認為此種觀點並沒有任何意義。

（二）演化單位的區別

　　第二個區別是演化單位的單位不同。天體運動學認為地球和月球為運動的基本單位，而量子力學認為運動的基本單位為分子和原子，從此點我們可以看出，各種自然現象都是具有一定的單位，演化論也有一定的單位，在達爾文演化論中，演化的單位為個體，而病毒演化說的演化單位為物種。達爾文演化論認為，只有單一個體的基因發生變化。而病毒演化說認為，由於許多個體感染病毒而致使整個物種的基因發生變化。

（三）引起基因變化機制的區別

　　第三個區別是引起演化基因的變化機制不同。達爾文演化論認為，基因發生變化的原因在於突變；而病毒演化說認為，基因是被病毒攜帶進來的基因所改變的，上述三點就是達爾文演化論與病毒演化說之間的主要差異。

小博士解說

　　病毒演化說和達爾文演化論之間有相當大的區別，它們對演化的前提、演化的單位與演化機制的論述皆大異其趣。

病毒演化說與達爾文演化論的主要區別

達爾文演化論		病毒演化說
有必要	自然淘汰是否有必要	**沒有必要**
透過自然淘汰而逐漸發生變化		透過病毒發生急遽變化
個體的演化	演化單位	**物種的演化**
突變的單位為個體		由於很多個體感染病毒，促使整個族群發生變化。
突然變異	基因變化的機制	**感染病毒而發生變化**
由於突變而發生變化		因為感染了使脖子變長的病毒

6-12 突然發生變異的隱藏基因

（一）隱性基因說

在 1977 年，美國哈佛大學的凱恩斯（John Cairns）和赫爾（Bally hall）運用實驗證實了隱性基因學說。該學說認為，突變具有方向性，此與以往的演化論完全不同，它是一種全新的理論。以往的演化論都認為，基因突變是隨機的，並沒有任何方向性可言，這已是生物學界的共識。然而，該理論的出現完全顛覆了以往的理論。

在使用只含有乳糖的瓊脂培養基培養，不會分解乳糖的大腸菌時，由於沒有食物的來源，大腸桿菌並無法進行繁殖。但是由於發生突變，有些大腸桿菌卻變得可以分解乳糖，並開始大量繁殖。

在此我們可以看出，此實驗中所發生的突變，有可能是因為在僅含有乳糖的培養基上培養了大腸桿菌才發生的。也就是說，由於有了乳糖，所以細菌朝向可以分解乳糖的方向來變化，此即為具有一定方向性的基因突變。

（二）隱性基因實驗的證實

根據此實驗，一些科學家證實，沒有牙齒的鳥類也具有可以製造牙釉質的基因，而植物中也隱藏著可以製造血紅蛋白的基因，當有需要的時候，這些基因就會被啟動並使生物具有一種必要的功能。如果運用大腸桿菌實驗來加以說明的話，即細菌中可以分解乳糖的基因被有效地啟動了。

凱因斯和赫爾在闡述了突變的隨機性基礎上，進一步地提出，只要弄清楚資訊如何從蛋白質傳遞給基因，則生物就可以接收或拒絕突變，從而實現「演化方向的選擇」。

小博士|解|說|
基因是帶有遺傳資訊的 DNA 或者 RNA 序列，但是科學家們研究發現，有一些隱性的基因具有突變的特質，正是這些基因的緣故而引發了演化。

隱性基因說

以往演化論中突變的特色
以前的演化論都認為基因突變是隨機性的，並沒有任何方向性。

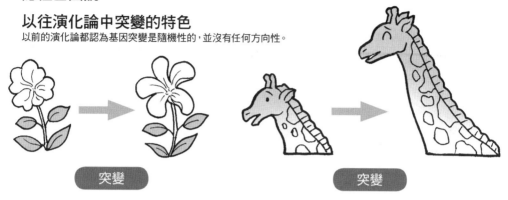

突變　　突變

隱性基因說的特色

培養基中產生了大量的可以分解乳糖的大腸桿菌

大腸桿菌

凱因斯與赫爾

生物可以接收或者拒絕突變
科學家透過相關研究證實，生物中所隱藏的基因，在有需要時會被啟動，並使生物具有一種必要的功能。

沒有牙齒的鳥類也具有一種可以製造牙釉質的基因

而植物中也隱藏著一種可以製造血紅蛋白的基因

6-13 **新演化論的其他觀點（一）**

（一）基因的穩定性

各種演化論之間互相爭論，其中的焦點問題就是基因穩定性問題。對於生物演化而言，基因的變化是必需的。從稻穀種子可以長出稻穀，我們就可以看出，魚卵會孵出小魚，其基因是相當穩定的。但是，基因的此種穩定性又與現存的生物的演化理論相互矛盾。

事實上，達爾文的演化論曾經被遺傳定律所否定，但由於發現了基因突變，因此得到了證實。而突變所引起的變化，對於生物而言並不是無關緊要的。例如果蠅的身體突然變黑，翅膀突然萎縮等突變，對於它們來說，並不是所有的變化都是有利的。但是，果蠅突變為另外一種動物的情況卻是不可能發生的。

（二）穩定突變的主體

最近，人們發現了一種比突變穩定性高很多的基因變化。此種穩定發生突變的基因被稱為質體，它可以從一個細胞進入另外一個細胞，並入侵到基因之中。質體可以產生抗藥性和毒素。由於它可以入侵其他細胞，因此被入侵的細胞也將具有此種功能。它與 DNA 的某一個鹼基發生變化而引起的突變並不相同，質體可以真正地改變基因。由於質體可以在保持穩定性的同時，改變了生物的基因，因此有可能可以解決基因的穩定性與演化之間的矛盾現象。

（三）演化的單位

在天體運動法則中，太陽、星星和地球是由什麼所構成的並不十分重要，太陽、星星和地球已經是基本的單位。為了闡明自然的現象，需要確定相應的單位。在解釋演化的現象時，也需要確定基本的單位。在演化論中，有將個體當做單位的，也有將物種當做單位的。

在探討演化的問題時，最重要的是「物種」的概念。達爾文在「物種起源論」中寫道，生物變化所產生的變種，在自然淘汰的運作下，發展為新的物種。但是，生物經過多大程度的變化，才會產生出新的物種呢？此問題在他的書中隻字未提。

分類學的創始人，十七世紀的植物學家林奈（Carl Linnaeus），根據性狀的不同來劃分生物的種類。此後，人們一直使用此種方法，根據性狀的差異來劃分物種。現在，大家普遍認為，物種是指可以進行交配來繁殖後代的生物族群，但是很多專家的意見還存在相當程度的爭議。

基因的穩定性

基因是相當穩定的
以往演化論都認為基因突變是隨機性的,並沒有任何方向性。

魚卵　→　魚

魚卵能夠孵出小魚

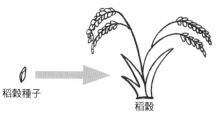

稻穀種子　→　稻穀

稻穀種子可以培育出稻穀

基因發生突變
並不是所有的突變對於生物都是有利的

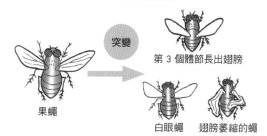

果蠅　突變　第 3 個體節長出翅膀

白眼蠅　翅膀萎縮的蠅

質體
質體是與細胞各種生理活動有關的胞器的總稱,其具有穩定的突變性。

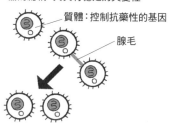

質體:控制抗藥性的基因

腺毛

在質體分裂之後,透過腺毛移動到其他細胞之中,它可以在確保穩定性的同時,從而改變基因。

演化的單位
究竟什麼是演化的單位,到底是生物個體在演化,還是物種在演化,這是一個相當關鍵性的重要問題。

演化的單位是生物個體
由於自然淘汰的運作,從變種發展為新的物種。

突變　自然淘汰　逐漸發生變化

演化的單位是物種

突變

整個物種一起發生改變

演化的單位是基因
自私基因 DNA 為演化的單位

要好好地保護下一代!

6-14 新演化論的其他觀點（二）

（四）是個體的演化還是物種的演化？

達爾文演化論認為演化的單位為個體，因此他花費了大量的精力來解釋個體的變化是如何擴大到物種變化。而與此相反，現代一些演化論宣稱「物種在該發生變化的時候就會發生變化」，它認為演化的單位並不是個體而是物種。而道金斯的自私基因學說認為遺傳基因 DNA 才是演化的單位。在研究演化論時，確定什麼是演化的單位，究竟是生物個體在演化，還是物種在演化，這也是一個相當關鍵性的重要問題。

（五）目的論與機械論的矛盾

在演化論的爭論之中，有一個爭論是最重要的，即為目的論與機械論的矛盾。

目的論認為，生物具有主體性，之所以發生演化是生物具有一定的目的性。而與此相反，機械論者則認為生物並沒有任何的主體性，演化完全是由於偶然的隨機性（Random）而發生的。如果進一步展開此種爭論的話，就是說演化的關鍵到底是生物還是環境？

身為生物演化的關鍵，拉馬克非常重視「內部的感覺」，他認為生物是根據內部感覺來形成新的器官。與拉馬克的此種目的論所不同的是，達爾文演化論把適者生存這一自然淘汰的概念作為自己觀點的基礎，從而成功地把目的論束之高閣。關於達爾文的自然淘汰說，美國遺傳學家李萬廷（R.C. Lewontin）列舉了一個典型範例，印度犀牛只有一隻角，而非洲的黑犀牛卻有兩隻角，他認為，討論此兩種情況，到底哪一個更為適應環境是毫無意義的。

（六）病毒演化說的觀點

病毒演化說也加入了此種爭論之中，病毒演化說擁有自己獨特的觀點，他們主張生物是透過感染病毒而發生演化的。基因並不是垂直地從母體傳遞給子體，而是透過病毒，在不同物種之間水平傳遞。無論病毒演化說的觀點是否與拉馬克所主張的觀點一致，其主張演化的關鍵是環境，而生物完全沒有主體性的機械論，必須重新思考自己的理論正確與否。

（七）演化為隨機性還是確定性

演化是具有一定方向性的必然結果，還是僅僅是隨機性的產物，此問題在很久以前就是人們爭論的焦點。以自然淘汰論為基礎的達爾文認為，演化並沒有一定的方向性可言，而是僅僅受到隨機性偶然因素的支配，因此他把演化歸諸於自然科學的現象。

如果能夠適應環境以及在生存競爭中存活，就被稱為適應（Adaptation）。雌性姬蜂具有很長的輸卵管，可以將卵子產到芋蟲的體內。在芋蟲體內生成的姬蜂幼蟲會捕食芋蟲，此為一種令人震驚的舉動。幼蟲在出生之後，以芋蟲的脂肪和結締組織為食物。若將姬蜂的行為看作是最適應環境的行為的話，則我們只能認為，演化僅僅是隨機性的累積而產生的。

觀察一下各種演化論就會發現，在解釋演化問題時，出現了一種認為部分是隨機性、部分是確定性（Certainty）的整合性理論。既然僅僅依靠某一方的觀點並無法完全解釋演化的問題，則隨機性和確定性之間的爭論，在今後也將繼續存在。

目的論與機械論

目的論

目的論為拉馬克所提出，他認為，生物具有主體性，之所以發生演化是具有一定目的。

生物具有主體性，演化具有一定的目的性。

退化

鴕鳥不會飛，所以翅膀逐漸退化。

機械論

機械論為達爾文的主要觀點，他認為生物並沒有主體性，演化完全是由於偶然因素而發生的。

隨機重複發生之後，產生演化。

突變

生物並沒有主體性，演化是隨機發生的。

病毒演化說

美國遺傳學家李萬廷（R.C. Lewontin）認為，印度犀牛只有一隻角，而非洲的黑犀牛卻有兩隻角，他認為，討論此兩種情況，到底哪一個更適應環境是毫無意義的。

生物並沒有主體性的想法沒有根據！

黑犀牛（兩隻角）　　　　　印度犀牛（一隻角）

> ### ＋ 知識補充站
> 　　在演化論中有很多有趣的觀點，例如基因的穩定性，有關質體存在的假設，演化的單位為個體還是物種，都是值得進一步研究的課題。在演化論中，有將個體當作單位的，也有將物種當作單位的。
> 　　在研究演化論時，確定什麼是演化的單位，究竟是生物個體在演化，還是物種在演化，這也是一個相當關鍵性的重要問題。

關於演化論的爭論

隨機性還是確定性

在解釋演化問題時，出現了一種認為部分是隨機性，部分是確定性的整合性理論。既然僅僅依靠某一方的觀點並無法完全解釋演化的問題。

突變

突變的隨機性反覆發生會促使生物演化

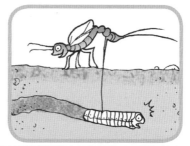

無法運用隨機性來解釋的例子，雌性姬蜂具有很長的輸卵管，可以把卵產到芋蟲的體內。

此種行為無法用達爾文演化論來加以解釋，所以我們並不能認為演化僅僅是由於突變的累積而發生的。

6-15 **新演化論的其他觀點（三）**

（八）聚焦於獲得性狀的爭論

生物演化是否具有主動性，還是只能一味被動地加以承受，此與獲得性狀的遺傳一起，在很久以前就引起了很大的爭論。獲得性狀的遺傳是指某一個個體後天所獲得的性狀遺傳給後代的現象。獲得性狀的遺傳是達爾文演化論和拉馬克演化論最激烈的矛盾。時至今日，仍然沒有科學家能夠運用科學的方法來徹底否定獲得性狀的遺傳。

泰明在研究了逆轉錄酶病毒之後認為，獲得性狀的遺傳並沒有任何支持的證據，逆逆轉錄酶病毒有可能成為獲得性狀的遺傳的工具。不管如何，生物具有主動性，還是並沒有主動性而只能被動地接受，此問題直到如今也還是沒有得到任何答案的迷團。

（十）生存競爭與演化的關係

達爾文演化論認為，所有的生物為了生存下去，都需要做生存的競爭，只有贏家遍吃的勝利者才能夠有效地繁殖後代。

生存競爭分為物種內競爭和物種間競爭。物種內競爭是指一個物種各個個體之間的競爭，物種之間的競爭是指不同物種各個個體之間的競爭。香魚有圈地的行為，當其他香魚入侵自己的勢力範圍時，香魚就會全力保護自己的領地。另外，獅子和斑馬之間也有捕食和被捕食的生存競爭關係。香魚的圈地行為是物種內的競爭，而獅子和斑馬的生存競爭則是種族之間的競爭。

達爾文演化論所說的生存競爭，並不僅僅是為了生存而進行的競爭，而且還包括與環境的競爭，以及為了繁殖後代而進行的競爭。在此理論誕生之初，由於比較聚焦於生物個體為了繁殖後代而進行的競爭，因此達爾文的生存競爭被認為更接近於物種內部的競爭。

（十一）演化的連續性

以往的演化論都是以自然界為連續的為基礎。在歐洲，人們認為自然界中有因必有果，某一結果將成為新的原因，並引發出新的結果。此被稱為連續的因果關係，而探討此種因果關係中所隱藏的規則，即為研究自然科學的目的。在達爾文運用因果關係對演化論加以解讀之後，演化論才被列入了自然科學的範疇之內。

達爾文演化論將自然界視為一個連續的過程，此點從演化系統樹就可以看出。從這個系統樹一眼就可以看出，很久以前到現在的演化過程，非常一目瞭然。系統樹記錄了演化的過程，對於演化而言，最重要的是要探討新物種是以何種機制而產生的。

獲得性狀的遺傳

生物具有主動性，還是並沒有主動性而只能被動地接受，此問題直到如今也還是沒有任何答案的迷團。

拉馬克認為，獲得性狀是可以遺傳的，脖子變長的長頸鹿，其後代的脖子也很長，此為由於獲得性狀的遺傳。

威斯曼認為，獲得性狀並不可以遺傳。若獲得性狀可以遺傳，如果將老鼠的尾巴剪短，則老鼠後代的尾巴也應該很短，但是，老鼠後代的尾巴卻都很長。

獲得性狀並不可以遺傳。但是，在實驗中，將老鼠的尾巴剪短，並不符合獲得性狀，故此實驗並不成立。

競爭與演化的關係

生物的競爭

達爾文演化論所說的生存競爭，並不僅僅是為了生存而進行的競爭，而且逐包括與環境的競爭，以及為了繁殖後代而進行的競爭。

物種之間的競爭

不同物種各個個體之間的競爭

物種內競爭是指一個物種各個個體之間的競爭，香魚的圈地行為。

✚ 知識補充站

　　動物界的歷史，即為動物起源、分化與演化的漫長歷程。它是一個從單細胞到多細胞，從無脊椎到有脊椎，從低等到高等，從簡單到複雜的過程。

白氏斑馬：此種動物的另一個名稱是「山中斑馬」，與非洲的其他斑馬相比較，牠身上的條紋稍有變化，並不像其他斑馬那樣單調而千篇一律。

第7章
二十一世紀的遺傳學

在進入二十一世紀之際，DNA 技術獲得了進一步的進展，科學家完成了「人類基因組計劃」，人們可以重組 DNA，運用基因療法來治療疾病，並且進一步地運用實驗的方法，證實了人類的起源謎團。

7-1 **分子生物學**

（一）生物學的發展

在 1930 年代後期，科學家們研究得知基因是一種特殊的分子。在 1940 年代，科學家已經知道了染色體是由兩種化學成分所組成，即 DNA 和蛋白質，而在 1950 年代，一系列的重要發現使得科學家確信 DNA 即為遺傳物質。

DNA 的發現，使得人們可以從分子層級，來對遺傳現象加以研究，這也給生物學的發展帶來了鉅大的影響。隨後，分子生物學與其他學科一樣獲得了鉅大的成就。

（二）分子生物學

分子生物學是將生命現象當作是化學物質現象來加以研究的學科。人類和其他生物都是由化學物質所組成的。例如，人類的肌肉是由蛋白質等所構成的，蛋白質是由胺基酸所構成的，而構成胺基酸的物質則是碳、氮和氫，這些化學物質，我們在國中和高中時期的化學課上都學過。

生物就是由這些看起來似乎跟我們毫無關係的化學物質所構成的，而且生物的行為和生命現象等也都跟化學物質有密切的關係。

例如，生物體內會分泌一種物質、叫做激素。當一個人進入了青春期之後，男性的身體會出現男性的性狀，而女性的身體會出現女性的性狀，這就是受到性激素所決定的。而激素物質也是由化學物質所構成的。

亦即，從微觀的角度而言，生命現象就是各種化學物質互動的結果，而分子生物學就是從分子的層面來探討這些生命現象。在二十世紀後半期，在很多學者的共同努力下，很多生命的未解之謎，都得到了解答。

小博士解說

分子生物學是在分子層級上，研究生命現象的科學。研究生物大分子（核酸、蛋白質）的結構、功能與生物合成等方面，來闡述各種生命現象的本質。

基因工程是整合與應用分子生物學、生物化學、細胞生物學以及遺傳學的方法建立起來的科技領域，其目的是按照人們的意願來改造，建立動植物新品種、診斷與治療人類遺傳病，生產工農業產品與提供商品化的服務。

分子生物學

研究生物大分子的分子生物學
人類和其他生物都是由化學物質所組成的,分子生物學是將生命現象當作是化學物質現象來加以研究的學科。

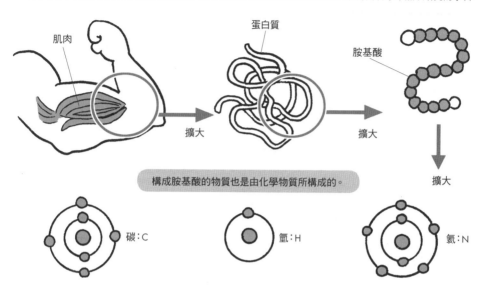

肌肉　　蛋白質　　胺基酸

擴大　　擴大　　擴大

構成胺基酸的物質也是由化學物質所構成的。

碳:C　　氫:H　　氮:N

激素的影響
激素影響著生物的行為與各種生命現象,它透過影響組織細胞的新陳代謝活動來影響生物體的生理活動。

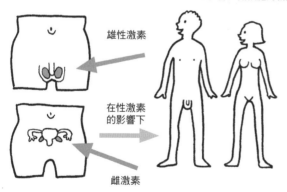

雄性激素

在性激素
的影響下

雌激素

性激素物質也是由化學物質所構成的,當一個人進入了青春期之後,
男性的身體會出現男性的性狀,而女性的身體會出現女性的性狀。

> **✚ 知識補充站**
>
> 　激素:激素的英文名稱為
> Hormone,音譯為荷爾蒙,其
> 希臘文原意為「啟動活動」的
> 意思。它對身體的新陳代謝、
> 生長、發育與繁殖等發揮了重
> 要的調節功能。激素為高度分
> 化的內分泌細胞所合成,並直
> 接分泌進入血液的化學資訊物
> 質,它會調節各種組織細胞的
> 代謝活動來影響生物體的生理
> 活動。

7-2 分子生物學的影響

（一）從分子層級來分析遺傳的現象

分子生物學的研究成果，使得人們可以從分子層級對遺傳的現象加以研究，而且也可以對演化論的發展產生了鉅大的影響。

中立演化論就是一個相當很好的例子，從分子層級來研究突變的現象，也就是要研究遺傳基因 DNA 鹼基排序的變化。此種變化可能會出乎人們的意料之外，而且它可能對生物性狀的變化並沒有什麼重大的影響（胺基酸並不發生變化），透過這些經過實證的事實，科學家提出了中立突變的概念，使得科學家們對生物演化的研究又邁進了一大步。

（二）分子生物學所帶來的影響

分子生物學對於解開演化論和生物演化過程中的各種謎團，發揮了重大的功能。在最近幾年之中，分子生物學相當程度地促進了基因解析技術的發展。

基因是生物的設計藍圖，它是以 DNA 的鹼基排序，不同的鹼基排列順序構成了生物獨特的特色，它的分子基礎為不同功能的蛋白質。根據此種藍圖，胺基酸組成了蛋白質。因此，只要破解了此張基因密碼，人們就可以破解生物性狀、身體構造，有時甚至破解生物行為中的各種謎團。

正因為如此，運用基因分析來擷取生物設計圖的研究也開始盛行。當然在目前的階段，即使有此種的解密設計圖，人們也不可能以人工的方式來製作出活生生的生物。不過，只要具有瞭解祕密的設計圖，也許人類就能找到揭露各種謎團的訣竅了。

小博士解說

科學家對分子的觀察與研究，發現了基因是由 DNA 所組成的，並且運用基因分析來擷取生物設計圖，只要破解了此張基因密碼，人們就可以破解生物性狀、身體構造，有時甚至是生物行為與演化的各種謎團。

遺傳基因的中立演化

DNA 的三種表示法

DNA 的立體模型，雙股螺旋結構中含有鹼基。

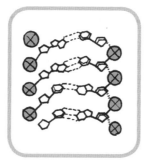

此種表示法著重於顯示化學的細節。

此為 DNA 雙股螺旋的電腦圖形，每一個原子均為球型，全圖為 3D 空間填充模型。

遺傳基因的突變

鹼基排序對生物性狀並沒有重大的影響，運用此一實證的事實，科學家提出了中立突變的概念。

DNA 鹼基

突變

所發生的變化出乎意料之外

鹼基排列順序發生變化

基因解密

現在的科學家運用基因分析來擷取生物設計圖，只要具有了解祕的設計圖，也許人類就能找到揭露各種謎團的訣竅了。

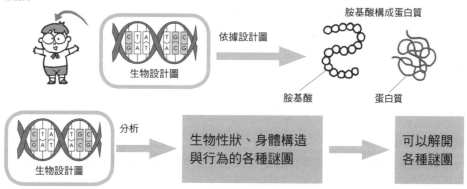

生物設計圖

依據設計圖

胺基酸構成蛋白質

胺基酸

蛋白質

生物設計圖

分析

生物性狀、身體構造與行為的各種謎團

可以解開各種謎團

7-3 **分子生物學與基因**

（一）DNA 與 RNA

　　DNA 和 RNA 都是核酸，它由核苷酸單位所組成的長鏈。組成 DNA 共有四種核苷酸，縮寫為 A、C、T 和 G，在 DNA 中四個核苷酸的不同，只是含氮鹼基的差異而已，鹼基分為嘌呤和嘧啶兩大類，有腺嘌呤（A）、胸腺嘧啶（T）、鳥嘌呤（G）和胞嘧啶（C）四種。 RNA 為核糖核酸，顧名思義，糖基是核糖而不是去氧核糖，它和 DNA 的區別是含有尿嘧啶而沒有胸腺嘧啶。除此之外，DNA 鏈和 RNA 鏈完全一樣。

（二）**基因解析**

　　所謂基因解析，是指確定長線狀的 DNA 的鹼基排序。鹼基的排序非常重要，它會影響到生物的特徵和性狀。

　　由於基因並無法運用肉眼來加以觀察，因此在解析的時候，就必須使用一些科學方法來加以處理。目前所使用的方法主要是雙重去氧末端終止法，使用一種稱為去氧核苷酸的物質將 DNA 分解為幾段，然後分析其結構。現在運用先進的機器，人們可以快速而準確地確認鹼基的定序。

　　伴隨基因解析技術的發展，現在人們已經對一些細菌、植物和動物的基因加以解析。在 1977 年，人類開始對病毒和細菌加以解析，在 1977 年開始對多細胞生物：一種稱為秀麗隱桿線蟲（Caenorhabditis elegans）的線蟲，體長約為 1 毫米的線形動物加以解析，在 2002 年開始對哺乳類（老鼠）加以解析。

　　人類基因組工程，就是一個對人類基因加以解析的專案。探討特定的基因位於什麼位置，探討人類 DNA 鹼基的排序，探討鹼基的哪一部分是遺傳基因，具有什麼功能。此計劃已於 2004 年完成，人類基因的鹼基定序也得到了確認與證實。

小博士解說

　　科學家從分子層級的角度來研究基因，對基因做實際的分析，將基因圖譜加以排序，此為揭露演化之謎團提供了強而有力的關鍵性線索。

基因解析

DNA 的核苷酸結構

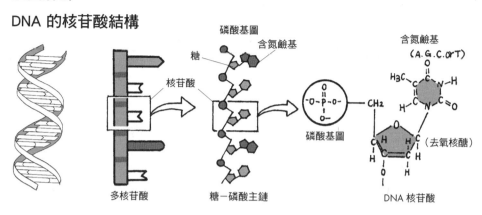

多核苷酸　　糖－磷酸主鏈　　DNA 核苷酸

基因解析圖譜

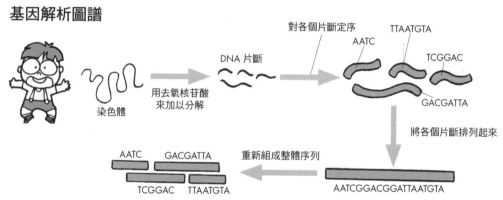

在 2000 年，由各國政府所資助的研究人員，啟動了人類基因組計劃，在人類基因組中，共有 24 條不同的染色體，其中約有 3.2 億個 DNA 核苷酸與三萬至四萬個基因，要將這些基因圖譜解密，是一項龐大的系統工程。

已完成定序的基因

生物	完成日期	基因組大小 （以鹼基對來計算）	大致的基因數目
流感嗜血菌	1995 年	180 萬	1700
啤酒酵母	1996 年	1200 萬	6000
大腸桿菌	1997 年	460 萬	4400
秀麗新小桿線蟲	1997 年	9700 萬	19100
黑腹果蠅	2000 年	1 億 7000 萬	13600
擬南芥	2000 年	1 億	25000
人類	2001 年	3.2 兆	30000～40000
老鼠	2001 年	3 兆	35000
水稻	2002 年	1700 萬	46000～56000

7-4 運用分子時鐘來推斷分化的時代

（一）分子所揭露的演化過程

前面介紹了分子生物學所取得的長足進步，使我們對於生物演化過程中的很多現象有所瞭解。其中比較有代表性的例子就是分子時鐘。它也被稱做分子演化時鐘，它是一種推斷生物在演化過程中，如何與其他物種發生分化的指標。生物學家認為基因的結構，根據各物種的演化關係而有所不同。

到目前為止，人們使用化石來推斷生物的演化過程。人們運用化石的對比，分析骨骼的變化，再加上化石的年代來加以推斷。

但是此種方法，對於化石年代的判斷本身就存在問題。化石的年代是根據所出土的地質層來加以判斷的，因此無論如何總會有誤差。而且在化石只殘留了一部分的情況下，人們就無法推斷精確地演化的過程了。

（二）對排序的探討

正因為如此，人們才使用分子生物學的方法來探討胺基酸排序的不同之處。人類和哺乳動物等血液中的血紅蛋白上有一個 Alpha 鎖鏈。此部分是由胺基酸所構成的，但即使它的排列順序發生變化，也不會對血紅蛋白的功能產生影響。

因此，人們對於各種動物的血紅蛋白的 Alpha 鎖鏈之胺基酸排序加以研究，結果發現，胺基酸的排序差異越小，則這些物種之間親緣關係越近。例如，人類和大猩猩之間只有一個不同而已，而人和狗有 23 個不同之處，人和鯉魚有 68 個不同之處，運用對此種基因排序差異的研究，人類又揭露了演化過程中的一個重大謎題。

小博士 解 說

「分子演化時鐘」可以記錄某一段時程之生物演化過程，這些分子資料也顯示了各種不同的有機體，在演化過程中的傳承關係。

分子時鐘

推斷年代的方法

到目前為止,人們使用化石來推斷生物的演化過程。人們運用化石的對比,來分析骨骼的變化,再加上根據化石的年代來加以推斷。

年代?

骨骼?

然而此種方法容易產生時間差,當化石只殘留了一小部分時,該方法並不適用。

運用基因解析來加以推斷

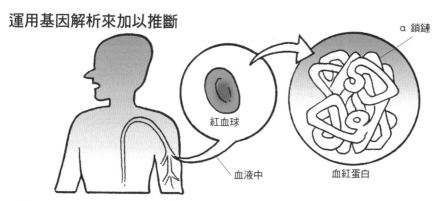

α 鎖鏈

紅血球

血液中

血紅蛋白

可以運用 Alpha 鎖鏈排序的不同來推斷演化的過程

人類與動物排序的差異

人類與各種動物胺基酸的排序差異越小,則這些物種之間親緣關係越近。

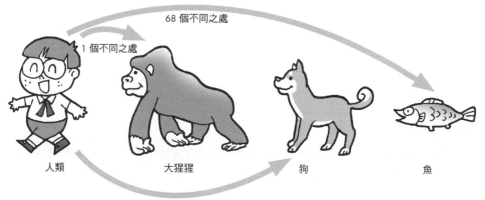

68 個不同之處

1 個不同之處

人類

大猩猩

狗

魚

23 個不同之處

7-5 分子時鐘上的標記

（一）可以判定分化的年代

運用化石來做的分化年代判定和運用胺基酸排序所做的判定，其所得到的結果是一致的。因此，人類可以利用分子時鐘來判定物種發生分化的時間。

通俗地說，各種動物胺基酸排序的不同是由突變所產生的。如果此種突變與時間成正比，則運用對比一個物種和其他物種胺基酸排序的差異，就可以判定這兩物種發生分化的年代了。

如此一來，即使是那些沒有化石資料存在的物種，也可以判定它們發生分化的時間。另外，到現在為止，運用化石資料所推斷出來的分化時間，也有可能被大量修改。

達爾文演化論最大膽的假設即為，所有的生命形式在相當程度上都是相關的，都是從最古老的生物體分支演化而來的，關於此點，從人和猴子的親緣關係上就可以看出來。

（二）其他判定分化的妙方

現在，不只是血紅蛋白，人們還可以運用胰島素等體內化學物質中，胺基酸排序的不同，來判定物種發生分化的年代。

除此之外，人們還在研究各種方法來判斷生物的分化，除了胺基酸排序之外，還可以利用基因來判定不同物種之間的差異大小和分化年代。例如，運用對 DNA 遇熱的穩定性研究，可以判定物種分化的年代。

另外，對各種生物的粒腺體 DNA 加以解析，運用鹼基排序的不同也可以製作分子時鐘。由於粒腺體鹼基排列組合數量較少，發生變化的機率也已經加以確定，因此在判定物種分化年代的時候相當有用。

小 博 士 解 說

科學家研究發現，人和猴子無論是根據化石的判定，還是在分子時鐘上所標記的距離，都充分證實了人和猴子的親緣關係。

分子時鐘與親緣關係

運用胺基酸排序來確定生物的分化關係

可以運用胺基酸排序的不同來判定物種分化的年代。即使是那些沒有化石資料的物種之間，也可以判定它們發生分化的時間。

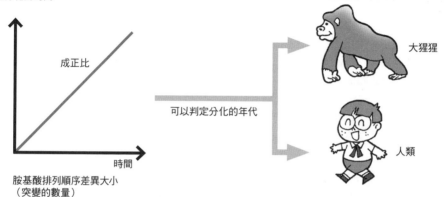

成正比

時間

胺基酸排列順序差異大小
（突變的數量）

可以判定分化的年代

大猩猩

人類

各種分子時鐘

運用胺基酸排列順序的
不同來判定分化的年代

胰島素等

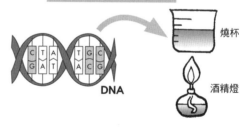

DNA 遇熱的穩定性

燒杯

DNA

酒精燈

粒線體 DNA

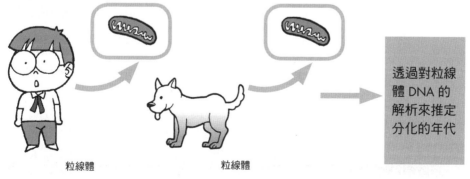

粒線體

粒線體

透過對粒線
體 DNA 的
解析來推定
分化的年代

7-6 人類與猿猴的異同之處（一）

（一）人類與猿猴之間的關係

運用分子之間的差異來製作分子時鐘，對演化的過程加以研究，所得到的結果顛覆了人類目前已知的常識。對這方面的研究，最有代表性的例子就是猿猴與人的關係。

演化論認為「人是從猴子演化而來的」，因此會產生一些類似於「動物園的猴子什麼時候會變為人？」的笑話。在實際上，目前的猿猴是不可能演化為人類的。猿猴和人類曾經有過共同的祖先，隨後發生分化，其中一些演化為猿猴，另一些演化為人類。而兩者共同的祖先則已經完全滅絕。

在分化的年代，由於分子時鐘的出現而發生了相當大幅度的變化。而到目前為止，運用化石等方法所獲知的人與猿之間的關係中，也有很多地方需要重新加以研究與證實。

（二）類人猿與人類

與我們親緣最近的脊椎動物是類人猿：長臂猿、猩猩、大猩猩和非洲黑猩猩。為了能夠深入淺出地解釋此問題，我們先對後者加以介紹。人類屬於猿猴類的類人猿。而除此之外的黑猩猩、大猩猩、猩猩等身為大型類人猿，形成一種族群。而身為小型類人猿，還存在長臂猿等所形成的族群。

然而，運用基因解析方法發現，大型類人猿屬於人科，而小型類人猿則屬於長臂猿科。我們之所以作出此種判斷，是因為由於人類和黑猩猩基因解析的發展，人們現在發現，人類和其他大型類人猿之間的差異並非很大。

小博士 解說

人類為脊椎動物分支上的一個非常新的小分支，人類為生命之樹上眾多分支之一。在漫長的歷史長河中，人類與類人猿與所有的動物都有共同的祖先。

人類與猿猴之間的關係

人類與靈長類的分化

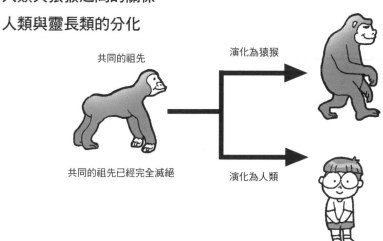

共同的祖先

演化為猿猴

演化為人類

共同的祖先已經完全滅絕

人類與猿猴的分類

人們發現,人類與大型類人猿之間並沒有很大的差異,它們皆屬於靈長目,他們都有共同的祖先。

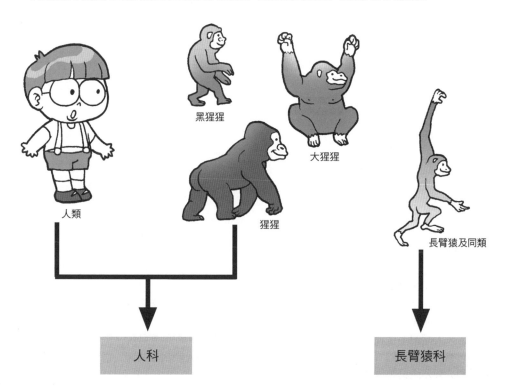

人類

黑猩猩

大猩猩

猩猩

長臂猿及同類

人科

長臂猿科

7-7 人類與猿猴的異同之處（二）

（三）分化所帶來的差異

那麼這兩種物種之間的差異到底有多大呢？人類和黑猩猩的性狀在表面看來，有相當大的差異。而大猩猩和黑猩猩看起來也非常類似，但是它們之間也有很大的差異。因此，以骨骼等為資料的人類學研究認為，人類和黑猩猩之間的差異非常大，而黑猩猩和大猩猩的關係跟人類與黑猩猩的關係相比起來要近很多。

然而，運用基因解析發現，人類和黑猩猩的關係更為接近，而大猩猩與這兩個物種的關係非常遠。而同屬於類人猿的猩猩比起大猩猩來，與人類和黑猩猩的關係較為疏遠。

基因之間具有的此種相似性，與發生分化的時間有很大的關係。正如基因圖譜所示，類人猿首先分化為長臂猿和人類，而長臂猿又分化為猩猩和大猩猩，而黑猩猩則最後才發生分化。如果把生命的歷史看做一年，人類和非洲猩猩從同一祖先分化出來。

（四）何時發生分化

至於分化的年代，也運用基因解析和分子時鐘的方法得到了判定：參照基因圖譜就可以看到實際的年代。而黑猩猩與人類發生分化的實際時間大概在 400 萬到 500 萬年之前。此數字顛覆了人類運用骨骼分析所得到的 1500 萬年之前的結論，因此受到了很多人的質疑，但是現在已逐漸被人們所接收。

現在，人類和黑猩猩的基因解析都已經完成，從基因解析的結果發現，他們之間基因的差異只有全部基因的 1.2%。其差異相當微小，使得人們相當震驚，這也證實了黑猩猩是和人類為最具親緣性的動物。

小博士解說

基因之間具有的此種相似性，與發生分化的時間有很大的關係。正如基因圖譜所示，類人猿首先分化為長臂猿和人類，而長臂猿又分化為猩猩和大猩猩，而黑猩猩則最後才發生分化。如果把生命的歷史看做一年，人類和非洲猩猩從同一祖先那裏分化出來，只是剛好在不到 18 小時的位置。

現在，人類和黑猩猩的基因解析都已經完成，從基因解析的結果發現，他們之間基因的差異只有全部基因的 1.2%。其差異是相當微小的，使得人們相當震驚，這也證實了黑猩猩是和人類為最具親緣性的動物。

人類與靈長類的分化

（一）分化的族群

（二）人類與黑猩猩的基因解析

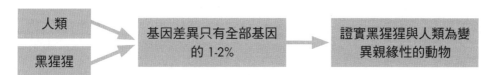

（三）人類和黑猩猩骨骼發育的比較

黑猩猩與人類胎兒的頭骨非常相似，但是骨塊的生長速度不同，使得身體頭部的發育形狀皆不相同。黑猩猩的頭骨有凸出的眉毛與大下頜，成人的頭骨則相當圓，與人類胎兒的輪廓相類似。

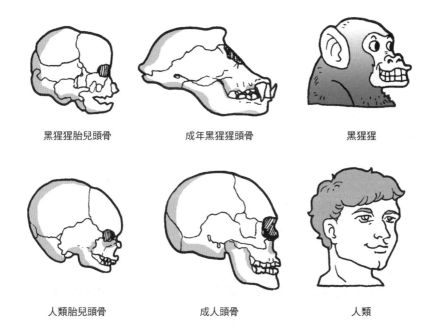

7-8 獨一無二的人類之誕生

（一）人類的疑問

在前面的基因圖譜中，我們可以看到一個不可思議的現象，亦即，不管是黑猩猩還是大猩猩都有很多的子系，而為什麼人類卻是絕無僅有的唯一呢？人們發現了猿人、古人與新人類等人類祖先的化石，這些人類的祖先和現在的人類到底有什麼關係呢？

（二）人類的演化

黑猩猩的祖先和人類的祖先分化是在 400 萬到 500 萬年之前，在此後的歷史長河中，黑猩猩產生了很多子系。而人類以非洲為中心，逐漸分化為南方古猿（Australopithecus）和東非人（Zinjanthropus）。這並不是分子生物學的判斷，而是根據化石等所作出的精確判斷。

在 250 萬年前，人腦逐漸變大，直立人將活動範圍，從非洲擴大到其他大陸。在 60 萬年前，又分化出了尼安德魯人。這是從尼安德魯人的基因中萃取了粒線體基因之後，加以解析所得到的結果。據此科學家認為，其中一個分支是尼安德魯人，一直生存到三萬年前。另一個分支即為智人，即為現代人類的祖先。

按照多重地區假說，現代人是以古代的智人，在幾個地方同時演化出來的。然而，這些已經消失，只能發掘到化石的直立人為什麼會滅絕了呢？此問題目前尚不十分清楚。其他的類人猿一直生活到現代，雖然不如人類先進，但卻也非常繁榮，而這些與人類非常接近的生物為什麼又慘遭淘汰呢？這些到目前為止都還是一片撲朔迷離。

小博士解說

生物基因圖譜證實了人類與猿猴之間的親緣性，但是，為什麼人類是獨一無二的？這些到目前為止都還是一片未解的謎團。

獨一無二的人類

人類的演化
與人類非常接近的生物為什麼又慘遭淘汰呢？

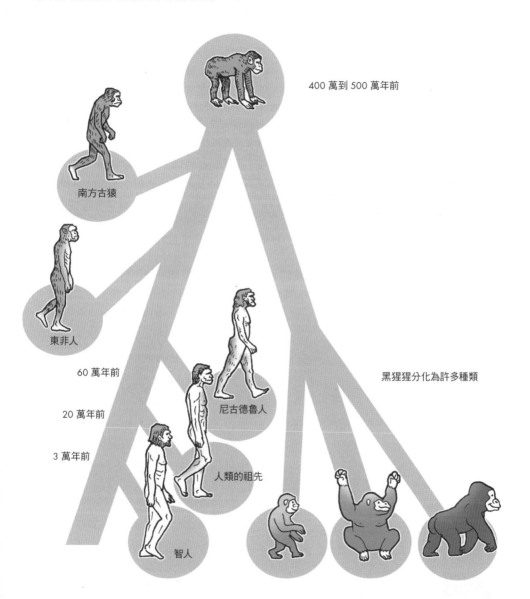

400 萬到 500 萬年前

南方古猿

東非人

60 萬年前

20 萬年前

3 萬年前

尼古德魯人

黑猩猩分化為許多種類

人類的祖先

智人

7-9 同源異形基因

（一）同源異形基因

　　人類與黑猩猩、黑猩猩與大猩猩之間似乎總有一些相似之處。由於體形和動作非常相似，所以即使是不知道基因的祖先們也可以推測出它們是屬於同類。

　　那麼昆蟲和人類又如何呢？雙方的性狀差異實在太大了。人有兩隻手，兩隻腳，身體部分是一個肢節，但是昆蟲有 6 隻腳，身體分為很多個肢節。由於這些明顯的差異，一眼就能看出來，所以人們會認為它們的基因差異相當大。

　　此種性狀上的差異是由基因排列的差異所決定的，決定生物性狀的基因稱為同源異型基因。它是生物的主要控制基因，可以調節其他的一系列基因，在胚胎的發育過程中，實際上創造軀體的各個部分的實際結構。如果該基因發生突變，則生物的性狀也會發生變化。例如頭部會長出腳來，或者會不尋常地從身體上長出翅膀等。

　　在同源異型基因中，有一個叫做同源盒基因（Hox）的基因族群。人們對果蠅控制前後身體軸的同源盒基因群，在基因中的位置加以調查。另外，還對脊椎動物老鼠同源異型基因中，控制脊椎的同源盒基因群加以調查，研究結果發現，此兩種生物的基因群，在所有基因中的位置是一致的。也就是 ，果蠅身上控制身體軸的基因和老鼠體內控制脊椎的基因起源是相同的。

　　此種相同點顯示了這些同源異型基因，在生命出現的早期，就已經存在了，而且在漫長的歷史長河中，一直沒有任何改變。

小博士解說

　　同源異型基因為生物的主要控制基因，它決定了生物的形態和性狀，同源異型基因引發胚胎的發育，若同源異型基因發生突變，則可能會產生奇異的結果。

同源異形基因

相似的同類族群
生物性狀的差異是由基因排列的差異所決定的，決定生物性狀的基因稱為同源異型基因。

兩種不同動物的同源異型基因

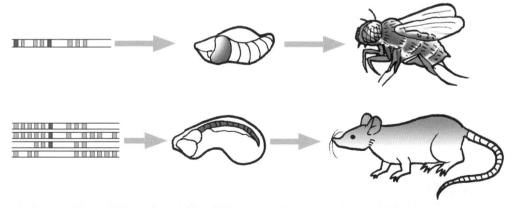

圖中最左方的是果蠅與老鼠的染色體中所攜帶的部分同源異型基因，其中不同的灰色方塊代表果蠅與老鼠非常相似的部分同源異型基因。

7-10 人類與其他生物皆具有的基因：
HOX 基因群

（一）HOX 基因群

昆蟲的體節分為頭、胸和腹。人類及其他哺乳類生物卻沒有此種結構，而主要具有一根脊椎。此種外觀上的差異，是由位於各自基因上同一位置的基因群所決定的。

此種現象意謂著昆蟲和哺乳類的起源是相同的。當然，在此之前的演化論運用化石分析等，也得出了相同的結論，它們認為，哺乳類和昆蟲是由同一個祖先發生分化之後逐漸演化而來的。運用對基因的解析，祖先們的此種推測得到了證實。

（二）人類和動物共有的基因群

不僅是果蠅和老鼠，其他生物也具有此種決定脊椎的 HOX 基因群。將魚類以及青蛙等兩棲類動物都是如此。現在人們發現，人類也具有此種 HOX 基因群。

右頁的插圖對人類和果蠅的 HOX 基因群，以及該基因群所控制的身體的哪一部位加以解讀。

人類和哺乳類的 HOX 基因群主要有 4 種，每種都在不同的染色體之中。而果蠅只有 1 種，所以在人類和哺乳類的 HOX 基因群中，人類具有果蠅所沒有的部分，它們用來控制手腕和腳等骨骼的排列。

運用 HOX 基因群的研究，果蠅與人類擁有共同的基因群與共同的祖先，只是在很久以前發生分化之後，朝向不同的方向演化的事實得到了相關實驗的證實。

小博士 解說

HOX 基因群是人類與其他生物所共同具有的，人類與動物在完成發育之後，HOX 基因群有所不同，但是在胚胎時期，促進此部分發育的基因完全相同。

HOX 基因群

HOX 基因群決定脊椎的結構

果蠅與人類擁有共同的基因群並決定脊椎的位置，只是在很久以前發生分化之後，朝向不同的方向演化的事實得到了證實。

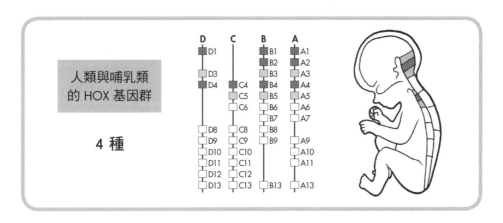

人類與哺乳類
的 HOX 基因群

4 種

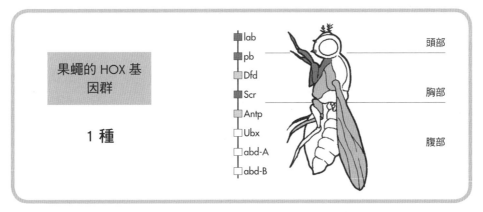

果蠅的 HOX 基
因群

1 種

HOX 基因群的影響

由於同源異型基因的突變，左邊的
果蠅具有一對額外的翅膀。

7-11 **基因的水平移動**

（一）基因的水平移動獲得了證實

現在，以人類為主的各種生物基因解析工程正在如期執行。當然，在基因解析完成之後，所得到的也只是鹼基的排序，還不可能立刻分析出它到底控制生物的哪些性狀。即使如此，所得到的結果也可以做成資料庫，此對於各種研究有很大的幫助。

其中，細菌的基因並不是很多，因此人類已經完成了 200 多種生物的解析。在 1995 年，一種稱為流感嗜血桿菌的細菌基因解析完成。此後，從引發瘋瘋病的痢菌、結核病毒、霍亂病毒和傷寒病毒等各種病原菌開始，到與製作納豆所用的納豆菌，同屬一類的枯草菌等，各種細菌的基因解析工程相繼火速地展開。

（二）基因解析工程的發現

運用細菌基因解析方法，人們發現了一種類似於基因水平移動的現象。細菌繁殖較快，它們的基因變異也很快。因此，即使是同屬一類，也會產生一些基因不相同的後代，並代代遺傳下去。

亦即

，存在一些鹼基排序與以往個體具有相同部分的細菌。當對以前發生分化之後所產生的新個體後代，與最初分化之後所產生的個體，在加以比較時發現，它們擁有一種基因，而此種基因是在系統樹上，與之非常相近的個體中所沒有的。因此人們認為，鹼基的此種排列方式，運用一定的方式，在相隔較遠的個體之間做水平傳遞。基因似乎不僅僅做垂直的縱向傳遞，而且還做水平的橫向傳遞。

小博士 解說

科學家們研究發現，基因不僅能夠做垂直傳遞，也能夠做水平傳遞，由於此種現象的發現，促使科學家們揭露了基因遺傳的奧祕。

基因的水平移動

細菌

細菌是一種形狀細小,結構簡單,多以二重分裂方式來做繁殖的原核生物,它是在大自然界分布最廣,個體數量最多的有機體,它是大自然物質循環的主要參與者。

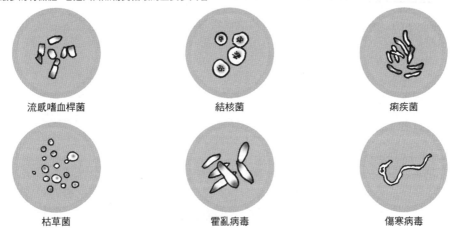

| 流感嗜血桿菌 | 結核菌 | 痢疾菌 |

| 枯草菌 | 霍亂病毒 | 傷寒病毒 |

各種細菌的基因解析工作正在火速開展

運用細菌基因解析的方法,人們發現了基因的水平傳遞功能。

基因從母體傳遞給子體

母體 → 子體

基因的垂直傳遞

噬菌體將產生細菌外毒素的基因帶入大腸桿菌之中,產生細菌外毒素的基因被植入大腸桿菌之中,大腸桿菌會變為病原性大腸桿菌 O-157。

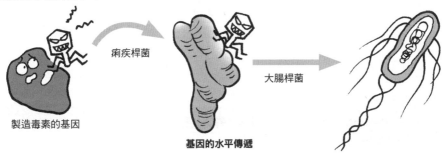

製造毒素的基因　痢疾桿菌　大腸桿菌

基因的水平傳遞

7-12 **基因重複理論**

（一）重要性相當凸顯的理論

在 1930 年代，人們就是在對果蠅的研究過程中，發現了基因重複這一現象。即為當基因從母體傳遞給子體時，由於一些誤差或失誤，有時候基因會被複製兩遍。由於具有兩個相同的基因，在剛開始的時候，兩者都具有相同的功能，但在不久之後，其中一方會發生突變。此種突變大多都是相當不利的，但由於具有兩個相同的基因，因此當沒有發生突變的基因發揮關鍵性功能時，則該生物個體即可以繼續生存下去。

雖然此種情況發生的機率相當小，但有時候突變對於生物而言是相當有利的。在此種情況下，該生物可以大量地繁殖後代，此與演化密切相關。基因重複可以使生物減少不利變異所帶來的風險，從而繼承有利變異的優點。

（二）決定血型的基因

隨著基因解析技術的發展，人們發現，基因的重複現象，在很多生物體內都會發生。例如，決定人類 A、B、O 血型的基因，原本是三億到五億年前，生物體內的逆轉錄酶基因因為出現重複現象而產生的。據說是由控制生物體內代謝酶所分泌的基因出現重複，並發生突變之後所產生的。

控制 A、B、O 血型的基因有三種，不同的組合可以形成四種表現型。人的血型有 O 型、A 型、B 型、AB 型，這些字母所指的是紅血球表面成為 A、B 的兩類糖，紅血球可以有兩類中的一種或兩種，也可能都沒有。

小博士 解說

科學家在對果蠅做研究的過程中，發現了基因重複的現象，但是這些重複的基因，在生物的成長與繁衍中，並沒有發揮任何功能。

基因重複理論

生物的基因大部分是重複出現的,即在基因組之間存在多個拷貝的核苷酸序列,基因重複可以使生物減少不利於變異所帶來的風險,從而繼承有利於變異的優點。

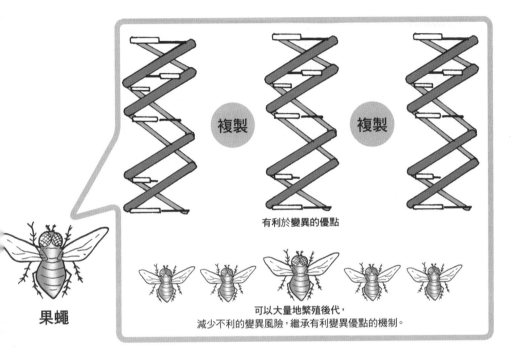

果蠅

複製　複製

有利於變異的優點

可以大量地繁殖後代,
減少不利的變異風險,繼承有利變異優點的機制。

控制 A、B、O 血型的基因

決定人類 A、B、O 血型的基因,原本是三億到五億年前,生物體內的逆轉錄酶基因因為出現重複現象所產生的。

血型	抗體	在血液中的抗體與左側血型的抗體混合時的反應			
		O	A	B	AB
O	抗 A 抗 B				
A	抗 B				
B	抗 A				
AB	—				

7-13 **毫無功能的基因：偽基因**

（一）毫無功能的基因

當基因出現重複並發生突變時，有可能出現可以促進演化的變異。相反，當出現不利變異時，只要不威脅到個體的生存，就不會對生物個體產生影響。然而，在大多數情況下，基因將不再具有功能。也就是說，它不再發揮任何功能。而該基因也將以此種狀態被傳遞給後代。

此種被傳遞給後代而不被發現的基因被稱為為偽基因。也就是說此種基因僅僅是存在而已，而遺傳資訊則完全由正常的基因（功能基因）所控制。如此一來，即使偽基因再發生突變也不會被發現。如果功能基因發生不利的突變，則就會被淘汰；而偽基因發生突變也不會對生物產生任何的影響。因此，比較一下偽基因和功能基因，就可以知道偽基因發生了多少突變，以何種速度來產生演化。

（二）偽基因並非完全是廢物

據說人類的基因有 30 億個鹼基，其中 95% 是不帶有任何遺傳資訊的廢棄 DNA。廢棄和重複的部分，以及偽基因等都是人類長期演化所累積的結果。而如今，有人認為，這些廢棄的 DNA 對於遺傳和生命活動也具有相當程度的功能，而並不是完全是廢物。

小博士解說

偽基因是指去氧核糖核酸的鹼基序列中，一段與其他生物體內已知的基因序列，非常相似的片段。

偽基因

毫無功能的基因

偽基因發生突變也不會對生物產生任何的影響。因此，比較一下偽基因和功能基因，就可以知道偽基因發生了多少突變，以何種速度來發生演化。偽基因這些廢棄的 DNA 對於遺傳和生命活動也具有相當程度的功能。

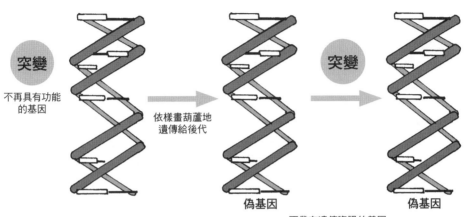

突變
不再具有功能
的基因

依樣畫葫蘆地
遺傳給後代

突變

偽基因

偽基因

不帶有遺傳資訊的基因

鹼基中的廢物

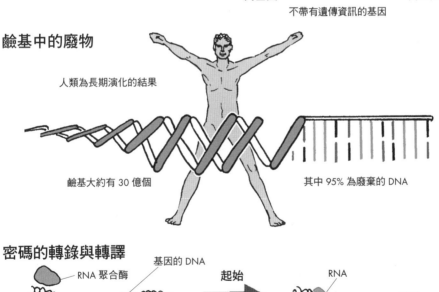

人類為長期演化的結果

鹼基大約有 30 億個

其中 95% 為廢棄的 DNA

密碼的轉錄與轉譯

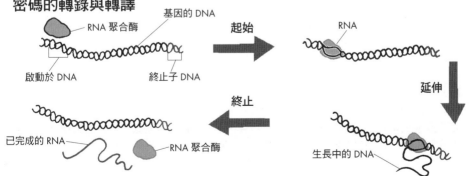

RNA 聚合酶

基因的 DNA

起始

RNA

啟動於 DNA

終止子 DNA

延伸

終止

已完成的 RNA

RNA 聚合酶

生長中的 DNA

7-14 二十一世紀的分子演化學

（一）分子演化學的核心概念

二十一世紀已悄悄地過了 12 年，人類及各種生物的基因解析也取得了長足的進步。當然，由於地球上的生物種類不計其數，究竟何時才能完成對各種生物基因的解析，我們無從得知，但人類沒有滅絕的話，總會有完成的一天。

基因解析對於各種演化論的發展也將逐漸發揮影響力。人類將不僅僅使用化石和骨骼等對演化加以研究，而且還將運用基因來開展各種研究。此種運用基因鹼基排序來研究演化的學科與分子生物學一樣，被稱為分子演化學。

以前的生物演化意謂著是個體或者物質的演化。單細胞演化為多細胞，然後又進一步發生演化。然而，個體和物種只不過是生物細胞中的基因，所控制的性狀而已。亦即，分子演化學是一門主張遺傳基因是演化主軸的學科。

（二）完全見證演化過程的基因

另外，基因可以說是演化過程的見證人。人類和果蠅具有相同起源的事實就是最佳的範例。同理，如果掌握了某種生物的某個基因是如何運作的話，就可以運用與相同或者相近類似物種的比較，來推定演化過程以及它們的共同祖先是誰，當然也還可以做其他各種推定和驗證。此即為二十一世紀的嶄新演化學。

小博士解說

二十一世紀已悄悄的過了 12 年，人類及各種生物的基因解析也取得了長足的進步。人類將不僅僅使用化石和骨骼等對演化加以研究，而且還將運用基因來開展各種研究。此種運用基因鹼基排序來研究演化的學科與分子生物學一樣，被稱為分子演化學。

二十一世紀的嶄新演化論

如果掌握了某種生物的某個基因是如何運作的話,就可以運用與相同或者相近物種的比較,來推定演化過程以及它們的共同祖先是誰,當然也還可以做其他各種推定和驗證。

人類及各種生物的基因解析也取得了長足的進步,科學家們運用基因鹼基排序來研究演化的學科,此即為二十一世紀的嶄新演化學。

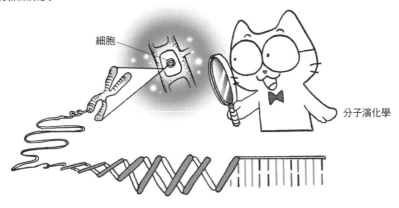

細胞

分子演化學

✚ 知識補充站

「分子鐘」的由來:學者對蛋白質的分析,以及近年來對基因鹼基的排序,證實了分子演化速度的恆定性大致成立,並經由中立學說,而在理論上奠定了基礎,此即為「分子鐘」名稱的由來。

7-15 進行中的演化程序

　　我們所接觸的無數系統中，最複雜不過的就是我們自己的身體。生命似乎是在大約四十億年前，發源自覆蓋整個地球的太初海洋。此事是如何發生的，我們目前尚不十分清楚。有可能是原子之間的隨機碰撞形成了巨型分子，這些分子再自我複製、自我組合成更為複雜的結構。我們真正知道的是，早在三十五億年前，去氧核糖核酸（DNA）此種高度複雜的分子已經出現了。

　　DNA 是地球上所有生命的基礎。它擁有一個雙股螺旋結構，有點像螺旋梯；在 1953 年，由英國劍橋大學卡文迪西實驗室（Cavendish Laborotory）的克里克與華森共同發現。在雙股螺旋中，負責連接兩股螺旋的是「鹼基對」，它們很像螺旋梯的踏腳板。鹼基共有四種，分別是胞嘧啶、鳥嘌呤、胸嘧啶及腺嘌呤。這四種鹼基在雙股螺旋中的排列順序隱藏著遺傳資訊，能讓 DNA 組合出一個有機體，並能讓 DNA 自我複製。

　　當 DNA 複製自己的時候，雙股螺旋中的鹼基偶而會弄錯順序。在大多數情況下，這些錯誤會使 DNA 無法（或是比較不可能）自我複製，此意謂著如此的遺傳錯誤（即所謂的突變）會自動消失。但在少數情況下，錯誤（或者突變）竟然會增加 DNA 自我複製與生存的機會。在基因碼中，此種改變是良性的。鹼基序列中的資訊之所以會逐漸演化，其複雜度之所以能夠逐漸增加，其真正原因即在此。

小博士　解說

　　胞嘧啶、鳥嘌呤、胸嘧啶及腺嘌呤等四種鹼基在雙螺旋中的排列順序隱藏著遺傳資訊，能讓 DNA 組合出一個有機體，並能讓 DNA 自我複製。當 DNA 複製自己的時候，雙股螺旋中的鹼基偶而會弄錯順序。

　　在大多數情況下，這些錯誤會使 DNA 無法（或是比較不可能）自我複製，此意謂著如此的遺傳錯誤（即所謂的突變）會自動消失。

　　但在少數情況下，錯誤（或者突變）竟然會增加 DNA 自我複製與生存的機會。在基因碼中，此種改變是良性的。鹼基序列中的資訊之所以會逐漸演化，其複雜度之所以能夠逐漸增加，其真正原因即在此。

進行中的演化程序

此圖是由電腦所產生的一組「圖像生命」，它們根據生物學家道金斯所設計的程式來演化。某一個特定的品系是否能夠存活，是由一些簡單的特質所決定，例如是否「有趣」、是否「不同」，或者是否「像昆蟲」。

　　從單一像素開始，早期數個隨機世代，在類似天擇的過程中發展。下圖所顯示的，是道金斯將一個像昆蟲的圖形成功地養到第 29 代（其中也有許多演化中的死胡同）。

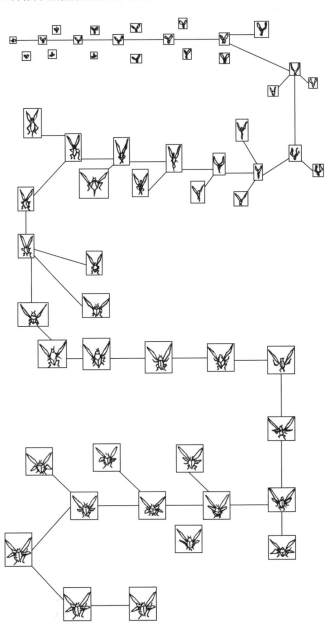

7-16 整個人類的 DNA 序列可寫成三十本巨冊的百科全書

基本上，生物演化是在「基因空間」中的隨機漫步（Random walk），因此過程相當緩慢。藏在 DNA 之內的複雜度（或者說資訊位元數）大致等於其中的鹼基數，在最初的二十億年左右，就層級而言，複雜度增加度一定，只有每百年一位元。在過去幾百萬年間，DNA 複雜度的增加率逐漸增至大約每年一位元。可是，在六千到八千年前，出現了一個重大的進展：即人類發明了文字。此意謂著資訊可以代代相傳，不必等待非常緩慢的隨機突變與天擇，將它們編入 DNA 序列，於是複雜度突然增加。一本推理小說所攜帶的資訊量，約等於猩猩與人類在 DNA 上的差異；而一套三十冊的百科全書，則能描繪人類 DNA 的整個序列。

更重要的是，書上的資訊能夠迅速更新。人類 DNA 經由生物演化而更新的速度，目前大約是每年一位元。可是每年有二十萬本新書問世，新資訊的產生率超過每秒一百萬位元。

此種外在的而非生物性的資料傳輸過程，導致了人類主宰了世界，人類將能增加自身的內在記錄（即 DNA）的複雜度，而不用在傻傻等著生物演化的緩慢過程。

有可能在未來一千年內，人類會有辦法重新設計 DNA，人類以及人類的 DNA 會相當迅速地增加複雜度。人類需要增進自己在精神上與肉體上的品質，才能應付會愈來愈複雜的周遭世界。

小博士解說

資訊可以代代相傳，不必等待非常緩慢的隨機突變與天擇，將它們編入 DNA 序列，於是複雜度突然增加。一本推理小說所攜帶的資訊量，約等於猩猩與人類在 DNA 上的差異；而一套三十冊的百科全書，則能描繪人類 DNA 的整個序列。

（一）地球形成以來的複雜度發展史

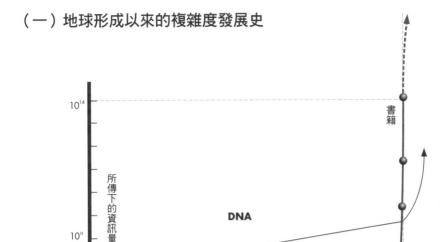

（二） 整個人類的 DNA 序列可寫成三十本巨冊的百科全書

7-17 電子智慧未來的發展方向

（一）電子智慧未來的發展方向

預計在一百年內，人類將有辦法在體外孕育胎兒，藉由遺傳工程來擴充人類的大腦。人體內負責精神活動的「化學信使」動作並不夠快，人腦的複雜度若想進一步提升，就必須提高速度。若想在電子電話中增加複雜度並維持高速度，要模仿人腦，人腦有幾百萬個處理器做同步的工作，此種大型的平行處理，則是電子智慧未來的發展方向。

（二）生物與電子的介面

（1）在二十年內，一台一千美元的電腦就有能和人腦一樣複雜。平行處理器（Parallel processor）能夠模擬大腦的功能，讓電腦表現出智慧和意識。

（2）神經移植能讓人腦與電腦的介面加速無數倍，並且打破生物智慧和電子智慧的距離。

（3）我們對人類基因組的瞭解，無疑會引發醫學的大躍進，也會使我們能夠大大提高人類 DNA 結構的複雜度。在未來幾百年內，人類遺傳工程將取代生物演化，重新設計人類這種生物，並引發許多嶄新的倫理問題。

（4）至於超太陽系的太空旅行，或許需要用到基因改造的人種，不然就是電腦所控制的無人探測船。

人體內負責精神活動的「化學信使」動作並不夠快。而有幾百萬個處理器同時工作的大規模平行處理（Parallel processing）將是電子智慧的未來發展方向，人類將在生物複雜度與電子複雜度上都會有迅速的進展。

小博士解說
　神經移植能讓人腦與電腦的介面加速無數倍，並且打破生物智慧和電子智慧的距離。

（一）生物與電子介面的重點

生物與電子的介面

（1）平行處理器

（2）提高人類 DNA 結構的複雜度

（3）神經移植

（4）太空旅行

（二）人類簡史

具有較重原子核的新
星系形成，例如銀河
系。

太陽系形成，行星開始環繞太陽。

35 億年前，生
命開始出現。

500 萬年前，早期
人類出現。

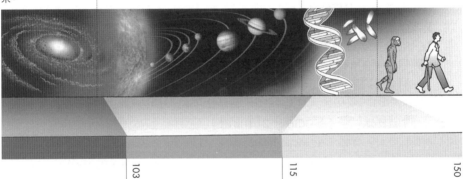

103
億年

115
億年

150
億年

（三）生物與電子的介面

＋ 知識補充站

　　我們對人類基因組的瞭解，無疑會引發醫
學的大躍進，也會使我們能夠大大提高人類
DNA 結構的複雜度。在未來幾百年內，人
類遺傳工程將取代生物演化，重新設計人類
這種生物，並引發許多嶄新的倫理問題。

7-18 人類智慧與智慧型機器人（一）

（一）什麼是人類智慧

人類的智慧主要是透過改進大腦的某種特化功能（例如語言的特化）而出現的。此一特化功能使人在從人猿演化出來的過程中，其聰敏程度與預見能力發生了大飛躍。

智慧特別高的人，時常明顯地相當「機靈」，並且能夠同時產生出許多創意，能夠針對新的情況，解決新的問題，而且能夠熟練處理多個精神意象，例如甲與乙的關係等同於丙與丁的關係之類的類比（Analogy）問題。

（二）達爾文式的思考流程與模式

從現有的關於物種演化與免役反應的知識中，歸納出達爾文式流程的基本特色共有六點：

1. 在遺傳學中的這些模式為 DNA 鹼基序列。
2. 這些模式產生出其拷貝。
3. 模式必須偶而發生變化。
4. 變異的模式必須相互競爭。
5. 變異體繁殖的相對成功率受到其環境的影響。
6. 下一代模式的構成取決於那些變異體得以生存下來，從而被複製。下一代模式將聚焦於目前的成功模式而延伸出來的青出於藍而勝於藍的變種。

（三）頭腦的社會（Society of mind）

世界頂級的人工智慧（Artificial Intelligence, AI）學家，麻省理工學院（MIT）講座教授馬文敏斯基（Marvin Minsky），在「頭腦的社會」（The society of Mind）一書曾說：連接良好的表示法，使你在大腦中反覆考量你的看法，以便從不同的角度來想事情，直到你發現了對你而言是行得通的看法行得通的表示法，此即為「思考」的流程。

大腦與電腦的最大區別為靈活性問題，靈活性解釋了為什麼思考對我們而言相當簡單，但對電腦而言相當困難的原因，大腦很少只使用單一的表現法，相反的，大腦可以平行地提出多種方案，以便始終有多種觀點可供使用，它們隨時會關注其表現，並且在需要時重新檢視。為了有效地思考，你需要多種流程以幫你描繪、預測、解讀、整合以及計劃大腦下一步將要做的事情。如果電腦程式中的一個步驟出了故障，則另一個步驟會提出一個替代方案，則此種智慧型電腦即具有「意識」。

小博士解說

既然非常複雜、非常大量的化學分子能在人體中運作出智慧，則同樣複雜的電子電路也可能表現出智慧行為。而有幾百萬個處理器同時工作的大規模平行處理，將是電子智慧未來的發展方向。

（一）達爾文式流程的基本特色

達爾文式流程的基本特色	1. 在遺傳學中的這些模式為 DNA 鹼基序列。
	2. 這些模式產生出其拷貝。
	3. 模式必須偶而發生變化。
	4. 變異的模式必須相互競爭。
	5. 變異體繁殖的相對成功率受到其環境的影響。
	6. 下一代模式的構成取決於那些變異體得以生存下來，從而被複製。下一代模式將聚焦於目前的成功模式而延伸出來的青出於藍而勝於藍的變種。

（二）頭腦的社會

7-19 人類智慧與智慧型機器人（二）

（三）電子電路與大腦的比較

人類的大腦中包含了大約 100 兆個觸突，未來可能利用微毫技術，將大腦製作成豌豆大小的元件，而此種智慧型機器人的思維速度可能比人類快 100 萬倍。

就複雜度和速度的取捨而言，電子電路與大腦面對同樣的問題。然而，電子電路用的是電子訊號（Electronic Signal），並不是化學訊號（Chemical Signal）而且是以光速傳遞，相較之下速度遠遠超乎預期中的快。雖然如此，在設計更快的電腦時，光速這個極限已經接近速度的最高門檻。想要改善這種情勢，我們可將電路建造得更小，但是物質皆由原子組成。我們最終仍會碰到原子大小這個極限（limit）。話說回來，在碰到此種問題之前，將會誠如中國詩人屈原所言：「漫漫長路其修遠兮，吾上下而求索。」人類尚有一段漫漫長路要走。

想在電子電路中增加複雜度又要維持速度，另一種方法是模仿人腦。人腦並沒有一個循序處理各個指令的中央處理器（Central Processor），而是有幾百萬個處理器同步（Syncronomous）工作，此種大型的平行處理（Parallel Processing），它將是電子智慧未來的發展方向。

假設我們沒有在未來一百年內自我毀滅，人類就有可能散布到太陽系其他行星，進而前往附近的恆星。人類可能會孤軍奮鬥，生物與電子複雜度上都會有迅速的發展。假如人類在本千禧年（Millennium，2001～3000 年）還能夠繼續存活的話，那個未來世界將是什麼光景呢？

小博士 解 說

人類的智慧主要是透過改進大腦的某種特化功能（例如語言的特化）而出現的。此一特化功能使人在從人猿演化出來的流程中，其聽敏程度與預見能力發生了大飛躍。

人類的大腦中包含了大約 100 兆個觸突，未來可能利用微毫技術，將大腦製作成豌豆大小的元件，而此種智慧型機器人的思維速度可能比人類快 100 萬倍。

（一）電子電路與人腦的比較

電子電路	→	運用電子訊號傳遞	→	相當快
人腦	→	運用化學訊號傳遞	→	相當慢

（二）智慧是否值得長存

智慧是否有存活的價值，目前還不清楚。細菌沒有智慧，卻活得相當好；假如我們所謂的智慧導致我們在一場核戰中全部毀滅，但細菌仍能繼續存活。

（三）外星人（Alien）

✚ 知識補充站

即使其他恆星系發展出生命，也只有極小機率接近於人形，外星人可能太過原始，或者太過先進。

7-20 **有機生命如何不斷加速發展複雜度？**

　　基本上，生物演化是在「基因空間」中的隨機漫步（Random Walk），因此流程非常緩慢。藏在 DNA 內的複雜度（或說資訊位元數）大致等於其中的鹼基數。最初的二十億年左右，就數量級（Magnitude）而言，複雜度增加率一定只有每百年一位元，在過去幾百萬年間，DNA 複雜度的增加率逐漸增加到大約每年一位元。可是，在六千到八千年前，出現一個重要的新領域：人類發展出文字。這意謂著資訊可以一代傳一代，不必等待非常緩慢的隨機突變與天擇來將它們編入 DNA 之列，於是複雜度邃然增加。一本愛情小說所描述的資訊量約等於猩猩與人類在 DNA 上的差異；而一套三十本的百科全書，則能描述人類 DNA 的整個序列。

　　此種外在的、非生物的資料傳輸流程，導致人類主宰了這個世界。如今，我們已經開展了一個新的千禧年：人類將能增加自身內在記錄（即 DNA，去氧核醣核酸）的複雜度，不用再傻傻地等待生物演化的緩慢流程。在過去一萬年來，人類 DNA 並沒有顯著的變化，但很有可能在本千禧年中，我們將會有能力完全重新設計這些 DNA。當然，很多人會認為應該禁止所謂研究人類遺傳工程（Genetic Engineering），可是我們真能阻止這種趨勢嗎？基於經濟因素之考量，動植物的遺傳工程並不會就此而遭禁，所以一定會有人嘗試將之應用到人體上。除非我們有一個極權式獨裁的世界政府，否則在世界某個角落，難免會有科學家嘗試設計如何改良人種。

　　顯然地，假如世上出現改良人種，勢必跟未改良人種摩擦出巨大的社會與政治問題。人類（以及人類的 DNA）會相當迅速地增加複雜度（Complexity）。我們應該承認這是很可能發生的事，並且認真地考量我們的因應之道。

　　就某個角度而言，人類需要增進自己在精神上與肉體上（body & soul）的品質，才能應付愈來愈複雜的周遭世界，並且面對諸如太空旅行之類的新挑戰。此外，假如想讓生物系統繼續領先電子系統，人類同樣需要增加自身的複雜度。如今，電腦占有速度的相對優勢，但人工智慧（Artificial Intelligence, AI）仍在未定之天，尚有一段漫漫長路要走。這沒有什麼好驚訝的，因為就複雜度而言，目前的電腦還比不上蚯蚓的腦子，而蚯蚓也不是什麼聰明的動物，那麼電腦又如何稱其為萬事通呢？

　　生物的複雜度與電子複雜度的這種增加方式，是否會永遠持續下去？還是會有一個自然極限？在生物這方面，人類的智慧目前多限於腦袋的大小，因為出生時腦袋要經過產道。預期在一百年內，人類將有辦法在體外孕育胎兒，那時此種限制就消失了。然而，藉由遺傳工程來擴充人類大腦的做法，終究會遇到另一個難題；人體內負責精神活動的「化學信使」（Chemical Messanger）動作並不夠快。這就意謂著，大腦的複雜度若想進一步提昇，就必須以速度作為前提。我們可以擁有小聰明或是 EQ（Emotional Quotient，情緒智商）、智商（IQ）非常高，但三者卻不可兼得。

（一）生物複雜度與電子複雜度的增加方式

生物複雜度	➡️	藉由遺傳工程擴及人類的大腦
電子複雜度	➡️	大規模的平行處理，將是電子智慧未來的發展方向。

（二）讓胎兒在母體外成長，能孕育出更大的頭腦與更高的智慧。

➕ 知識補充站

　　人類的智慧目前受限於腦袋的大小，因為出生時腦袋要經過陰道，若有人類能在體外孕育胎兒，這個限制就消失了。

7-21 **閘門事件**

（一）閘門事件

　　美國新墨西哥州聖塔菲研究院（Santa Fe Institute）的莫洛維茲提出了導致地球生命產生的幾種可能的化學閘門。那些閘門包括：

　　（1）導致利用陽光的能量代謝，並進而使一種能將細胞的某一部分物質孤立起來的膜所形成的事件。

　　（2）為酮酸到胺基酸的變遷，進而到蛋白質產生提供催化劑的事件。

　　（3）導致稱為二硝基雜環的分子形成，進而使得 DNA 組核苷酸形成，因而使基因組、生物圖式或者資訊組的存在成為可能的事件。

　　莫洛維茲及其他一些人認為，至少在很多情況下，在經歷了一系列早期變化之後，由一次或者幾次突變引起的基因組中的微小變化，可以引發一起閘門事件，從而引發打破演化平衡的相對穩定性。在進入由閘門事件所開創的領域時，使生物的複雜性上升到一個更高的層級。

（二）小步伐與大變化

　　一些微小的變化能引發閘門事件，此種生物化學的變化為生命形式開闢出新的領域。這些革命性的變化是由於多個生物集聚成合成結構所引發的。變化的基本單元都是對已有物質發生作用的一種突變或重組。

　　研究與日常的經驗證實，人類思想是以合作與按部就班的方式發展的，在每一個階段，對原有的思想做出一些特殊的修改，但有時確實也會出現一些相當新穎的結構，此與生物演化的閘門事件相類似。

小博士解說

　　研究與日常的經驗證實，人類思想是以合作與按部就班的方式發展的，在每一個階段，對原有的思想作出一些特殊的修改，但有時確實也會出現一些相當新穎的結構，此與生物演化的閘門事件相類似。

（一）導致地球生命產生的幾個可能化學閘門

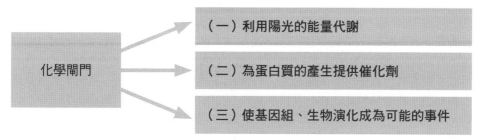

化學閘門
→（一）利用陽光的能量代謝
→（二）為蛋白質的產生提供催化劑
→（三）使基因組、生物演化成為可能的事件

（二）閘門事件

導致地球生命產生的化學閘門。

（三）小步伐與大變化的複雜適應系統

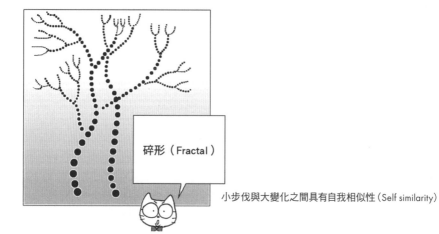

碎形（Fractal）

小步伐與大變化之間具有自我相似性（Self similarity）

7-22 邁向一個永續發展的美麗新世界

　　就在人們運用傳統的生命科學方法來探討生命的起源，即進行了有關先有蛋白質還是先有核酸的激烈爭論，在二十世紀，人類自然科學另一個偉大的發現誕生了。1940年代，奧地利生物學家伯塔蘭菲（L. V. Bertalanffy，1901 ～ 1971）提出了生命是具有整體性、動態性和開放性的有秩序系統，從而開啟了系統論（System Theory）的新紀元。幾十年來，系統論快速發展，包括比利時物理學家普里高津（I. Prigogine，1917）對耗散系統的有秩序自我組織現象的發現、法國數學家托姆（R. Thom，1923）從邊變論出發對生命形態發生動力學分析的發表、德國學者哈根（H. Haken，1927）的協同理論的提出，德國物理－化學家艾根（M. Eigen，1929）超循環理論的建構、美國氣象學家羅侖茲（E. Lorenz）對渾沌中秩序性的發現（1963），以及法國數學家孟德勃羅特（Mondelbrot）創立了碎形幾何學（1970 年代）。一種全新對生命的認識方法正在興起，這一方法已開始被應用到對生命現象包括生命起源的研究之中，並且日益顯示出它強大的生命力。

　　在系統論理論的引導下，1984 年，發現矽酸岩介導 DNA 合成現象的奧地利學者史考斯特（Schuster）提出了一個從化學演化到生物演化的階梯式的過渡模式，試圖從生物小分子到最終細胞出現分解成六個序列躍遷的動力學流程。當代美國理論生物學家考夫曼（S. Kauffman）1993 年發表了「秩序的起源：演化中的自我組織和選擇」一書，它是目前研究生命有秩序起源的一部十分重要的著作。其中對於生命的起源，作者並不是零散地從某單一成分來討論生命的起源，而是將它放在一個動力學系統中來加以思考。儘管探查這個複雜系統的建構歷史仍然還是一項非常艱鉅而困難的工作，書中的分析處在基本理論推導的階段，但是它傳達的資訊是：生命起源的問題，特別是 DNA － RNA － 蛋白質秩序的建構，不應獨立地從某特定物質來加以討論，它應是一個由多種原始生物大分子共同驅動的動力學系統的有秩序自我組織流程。選擇作用從新的角度給予解釋，生命系統的隨機變化更以其內因性的動力學穩定，和對環境的適應獲得「選擇」，即從系統論的觀點來看，生命在一定的自然界條件下，從非生命的環境中誕生，就理論層面來說是相當合理的。

小博士解說

　　複雜學理論（Complexity theory）可能是人類在21世紀能夠永續發展的一大利器。

（一）複雜學理論的基礎組織

（一）系統論

（二）耗散結構論

（三）遽變論

（四）協同論

複雜學

（五）碎形幾何學

（六）混沌論

（七）超循環理論

（二）複雜適應系統（Compexity Adaptation System, CAS）

如果人類的確具有相當程度的集體遠見：對於未來的分支歷史有相當程度的瞭解，則一個高度適應性的變化必將發生。當朝向更大永續性的一組連鎖轉變完成時，這將是一個閘門事件。

在轉變完成之後，四海一家的人類整體，與棲息或生長在地球上的其他動物一道，將會成為比現在更加美好的一個整合而具有充分多樣性的複雜適應系統。

各種不同文化傳統的國家協力合作並做無暴力的良性競爭，導向一個較為理想的永續發展美麗新世界，則整個人類與大自然天人合一，從而充分有效地發揮具有充分多樣化（Diversified）複雜適應系統（Complex Adaptive System, CAS）的良性功能。

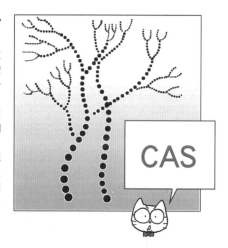

（三）永續發展的美麗新世界

第8章
表觀遺傳學淺介

　　某種基因表型標記，可以在不影響 DNA 序列的情況下，改變基因組的修飾，其不僅可以影響個體的發育，而且可以遺傳下去。由於基因表型標記而導致的變異稱為表觀遺傳修飾，其普遍存在於高等動植物之中。由此，科學家們提出了一門新興的遺傳學：即為表觀遺傳學（epigenetics）。

8-1 **DNA 甲基化會決定基因轉錄的活性**

哺乳動物基因組中有 5% 的胞嘧啶的第 5 位碳原子是甲基化物。幾乎所有的甲基化胞嘧啶都出現在 CpG 雙核苷酸中，它們在基因組中具有特定的分布譜式。DNA 甲基化在基因表現調控、基因組中可轉移文件的沉默，基因足跡以及 X 染色體失活等重要過程中，發揮相當重要的功能。

在 2003 年夏天，Jirtle 在美國杜克大學的實驗室運用刺豚鼠做了一個相當有趣的實驗，解釋了甲基化與轉座子之間的密切關係。刺豚鼠（Agouti mice）皮毛的顏色在一個轉座子的控制之下，能從黃色變為黑色（如右圖）。假設一組懷孕的灰鼠吃正常的食物，則其後代中有 60% 發育為黃色皮毛；另一組用飽含維他命 B_{12}、葉酸等高甲基化的食物餵食，其後代中有 60% 發育為棕色皮毛。此種轉變證實由於相關轉座子甲基化的增加，會減少轉座基因的表現。

DNA 甲基化的異常可導致包括腫瘤在內之病理過程的發生。美國約翰 - 霍普金斯大學的 StePhen B.Baylin 在結腸息肉細胞基因組中觀察到 DNA 甲基化的減少。在 2003 年，美國麻省理工學院懷海德（Whitehead）研究所的 Rodolph Jaenisch 研究小組獲得了伴有先天性甲基化酶缺乏的老鼠，在大部分的此種老鼠中至少有一條甲基化不足的染色體變得不穩定，並且有 80% 的老鼠在 9 個月內死於癌症。目前尚未弄清楚為什麼有這麼多的甲基從 DNA 上脫離，可能是缺少甲基的染色體更有可能在細胞分裂過程中，發生故障而向惡性腫瘤邁進。依據最近的相關實驗證實，組蛋白去甲基化酶在胚胎發育、腫瘤形成、發炎症反應等眾多生理過程中都具有重要的功能。

小博士解說

某種基因表型標記，可以在不影響 DNA 序列的情況下，改變基因組的修飾，不僅可以影響個體發育，而且可以遺傳下去。由於基因表型標記而導致的變異稱為表觀遺傳修飾，其普遍存在於高等動植物之中。由此，科學家們提出了一門新興的遺傳學：表觀遺傳學（epigenetics）。

（一）甲基化與轉座子的關係

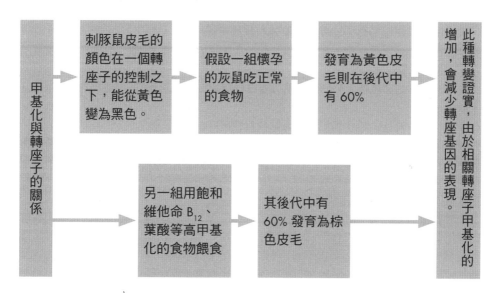

甲基化與轉座子的關係 → 刺豚鼠皮毛的顏色在一個轉座子的控制之下，能從黃色變為黑色。 → 假設一組懷孕的灰鼠吃正常的食物 → 發育為黃色皮毛則在後代中有 60% → 此種轉變證實，由於相關轉座子甲基化的增加，會減少轉座基因的表現。

→ 另一組用飽和維他命 B_{12}、葉酸等高甲基化的食物餵食 → 其後代中有 60% 發育為棕色皮毛 →

（二）同一窩出生的近交系小老鼠

圖中 6 隻小老鼠具有幾乎完全相同的基因組 DNA，可能由於基因表型標記的不同而出現不同的皮毛顏色。

＋ 知識補充站

　刺豚鼠（Agouti mice）皮毛的顏色在一個轉座子的控制之下，能從黃色變為黑色。

8-2 基因組與表觀基因組的關係

　　基因組的不同位點發生何種表觀遺傳？修飾是否由 DNA 序列所決定？在最近的研究證實，兩者之間存在著一定的關係，但此種關係發現在胚胎細胞之中，其主要呈現在下列幾個層面：

　　（一）保守的非編碼序列的核小體組蛋白含有兩種功能相反的組蛋白 H_3K_4 與 H_3K_{27} 甲基化。

　　（二）CpG 島區的核小體組蛋白大都含有較高的 H_3K_4 甲基化。

　　（三）飽含核原子區域的核小體組蛋白並不發生 H_3K_{27} 甲基化，即 H_3K_{27} 甲基化主要存在於不含轉座子的區域，相關研究證實，占基因組一半左右的重複序列在各類細胞中，都含有很高的甲基化胞嘧啶。位於著絲粒區的衛星 DNA 重複序列中，含有較高的 H_3K_9、H_3K_{27}、H_4K_{20} 甲基化。

　　一隻具有可愛肥臀的 Solid Gold 公羊的故事，可以作為基因組與表觀基因組相關聯的範例（如右圖）。在 1973 年，美國俄克拉荷馬州一個農場中出生了一隻肥臀公羊（臀部發育得異常多肉，稱為 callipyge），當其與正常母羊雜交時，其後代有一半（無論雌性或雄性）擁有肥臀，當雌性的肥臀後代與正常雄羊交配時，其後代則不會出現肥臀性狀。在長達十年的實驗研究，2003 年 5 月 Georges 及其同事發表了 callipyge 的性狀和遺傳譜系圖：一個位於第 18 號染色體上的蛋白質編碼基因，一個或多個只轉錄 RNA 的基因，外加兩個基因表型標記，共同作用於 callipyge 性狀的表現。

　　位於蛋白質編碼區之外的一個約 30000bp 區段的單一鹼基突變（A → G）使得肌肉細胞中產生過多的活性 RNA，導致過量的蛋白質合成而造成臀部肌肉發達（肥臀）。同時，基因表型標記在此一遺傳系統中也發揮功能，只有來自於父體的基因拷貝是表現的，遺傳自母體的等位基因是沉默的。當公羊的第 18 染色體的兩個拷貝（同源染色體）都帶有此一突變時，其所有的後代均出現 callipyge 性狀。

小博士解說

　　位於蛋白質編碼區之外的一個約 30000bp 區段的單一鹼基突變（A→G）使肌肉細胞中產生過多的活性 RNA，導致過量的蛋白質合成而造成臀部肌肉發達（肥臀）。同時，基因表型標記在此一遺傳系統中也發揮功能，只有來自於父體的基因拷貝是表現的，遺傳自母體的等位基因是沉默的。當公羊的第 18 染色體的兩個拷貝（同源染色體）都帶有此一突變時，其所有的後代均出現 callipyge 性狀。

（一）基因組與表觀基因組的關係

基因組與表觀基 因組的關係

保守的非編碼序列的核小體組蛋白含有兩種功能相反的組蛋白 H_3K_4 與 H_3K_{27} 甲基化。

CpG 島區的核小體組蛋白大都含有較高的 H_3K_4 甲基化。

飽含核原子區域的核小體組蛋白並不發生 H_3K_{27} 甲基化，即 H_3K_{27} 甲基化主要存在於不含轉座子的區域。

（二）特大臀部的 caltipyge 母羊和 calllpyge 公羊

特大臀部的 caltipyge 母羊（最左邊）和 calllpyge 公羊（左起第 3 隻）。（修改自美國 Science 雜誌, 2004 年, 2 月）

＋ 知識補充站

一隻具有可愛肥臀的 Solid Gold 公羊的故事，可以作為基因組與表觀基因組相關聯的範例。

國家圖書館出版品預行編目資料

圖解遺傳學／黃介辰，馮兆康，張一岑著.
－－三版.－－臺北市：五南圖書出版股份
有限公司，2022.11
面；　公分
ISBN 978-626-343-021-1（平裝）

1.CST: 遺傳學

363　　　　　　　　　111010057

5P30

圖解遺傳學

作　　　者 —	黃介辰、馮兆康、張一岑（207.5）
企劃主編 —	王俐文
責任編輯 —	金明芬
美術設計 —	郭忠恕
封面設計 —	王麗娟
插　　　畫 —	漫畫罐頭工作室（葉盈孜）
出 版 者 —	五南圖書出版股份有限公司
發 行 人 —	楊榮川
總 經 理 —	楊士清
總 編 輯 —	楊秀麗

地　　　址：106臺北市大安區和平東路二段339號4樓

電　　　話：(02)2705-5066　　傳　　真：(02)2706-6100

網　　　址：https://www.wunan.com.tw

電子郵件：wunan@wunan.com.tw

劃撥帳號：01068953

戶　　　名：五南圖書出版股份有限公司

法律顧問　林勝安律師

出版日期　2012年10月初版一刷
　　　　　2021年 6 月二版一刷
　　　　　2022年11月三版一刷
　　　　　2024年 7 月三版二刷

定　　　價　新臺幣320元

經典永恆・名著常在

五十週年的獻禮 —— 經典名著文庫

五南，五十年了，半個世紀，人生旅程的一大半，走過來了。
思索著，邁向百年的未來歷程，能為知識界、文化學術界作些什麼？
在速食文化的生態下，有什麼值得讓人雋永品味的？

歷代經典・當今名著，經過時間的洗禮，千錘百鍊，流傳至今，光芒耀人；
不僅使我們能領悟前人的智慧，同時也增深加廣我們思考的深度與視野。
我們決心投入巨資，有計畫的系統梳選，成立「經典名著文庫」，
希望收入古今中外思想性的、充滿睿智與獨見的經典、名著。
這是一項理想性的、永續性的巨大出版工程。
不在意讀者的眾寡，只考慮它的學術價值，力求完整展現先哲思想的軌跡；
為知識界開啟一片智慧之窗，營造一座百花綻放的世界文明公園，
任君遨遊、取菁吸蜜、嘉惠學子！